KB185337

치즈 클래스

CHEESE CLASS

김은주 지음

minimum

치즈 클래스 **CHEESE CLASS**

초판 발행일 2025년 1월 27일

지은이 김은주
펴낸이 허주영
펴낸곳 미니멈
디자인 황윤정
사진 박현아
일러스트 리카

주소 서울시 종로구 창의문로3길 29(부암동)
전화 02-6085-3730
팩스 02-3142-8407
이메일 natopia21@naver.com
등록번호 제 204-91-55459

ISBN 979-11-87694-30-4 13590

가격은 뒤표지에 있습니다.
잘못된 책은 바꾸어 드립니다.

치즈 클래스

CHEESE CLASS

일러두기

이 책에 실린 치즈 이름은 현재 치즈 업계에서 사용하는 방식대로 발음을 살려 표기했습니다.

이 책 활용하기

치즈에 대한 전반적인 지식이 알고 싶다면 처음부터 천천히 읽어주세요. 이미 치즈 지식이 어느 정도 있는 상태로 일상에서 조금 더 전문적으로 즐기고 싶은 분이라면 5장(chapter)부터 읽어도 좋습니다. 치즈 분류뿐 아니라 치즈를 맛보는 순서, 치즈 테이스팅 노트 작성법까지 유용한 정보를 꾹꾹 눌러 담았습니다.
특히 식음료 파트 관계자분이라면 8~10장이 유용하실 겁니다. 프로마쥬에서 자랑하는 치즈&음료 · 푸드 페어링, 바로 써먹을 수 있는 치즈 플레이트 사례를 사진과 함께 담았습니다.
또 부록에는 치즈 8분류에 따라 기본으로 알아두었으면 하는 '프로마쥬 추천 치즈 39종'을 정리해놓았습니다. 이 목록은 앞으로의 치즈 공부에서 길잡이로 삼아도 좋을 듯합니다.

프롤로그_"강사님은 어떻게 치즈를 좋아하게 되셨어요?"

정말 너무나도 많이 들어온 질문입니다. 그동안 이 질문에는 재미있는 에피소드와 양념 같은 서사를 섞어가며 답하고는 했지만 사실 솔직한 저의 답변은 "그냥요"였어요. 누군가를 좋아하면서 생겨나는 감정은 아무리 따져봐도 특별한 이유 없이 그냥 좋았던 경우가 많잖아요? 그러다 누군가 집요하게 물어오면 그때 어떠한 이유를 끄집어내어 설명했던 것 같고요. 이건 좋아하는 대상이 사람이건 치즈건 똑같습니다.

저는 평소 직장 동료나 상사 중에서 주변에서 까칠하다는 평을 받아온 사람들과 유독 친하게 지내왔습니다. 그러고 보니 친구도 그런 경우가 많습니다. 이런 사람들은 특정 부분에서는 예민하고 까칠하지만 그 부분을 조금만 잘 살펴주면 누구보다 편안해지기도 합니다. 처음의 힘듦을 넘고 나면 개성 넘치는 큰 매력을 가진 사람으로 보이기까지 하고요. 어쩌면 치즈가 저한테 그런 존재였던 것 같아요. 처음에는 까칠하지만 다양하고 복잡한 매력을 가진, 조용한 생명체인 셈이죠.

저는 평소 누군가에게 관심이 생기기 전까지는 어떠한 호기심도 없는 사람이다가 관심 레이더가 발동하면 상대가 당황할 정도로 엄청나게 폭풍 질문을 하거든요. 그래서 새로운 치즈를 하나씩 맛볼 때마다 친구 한

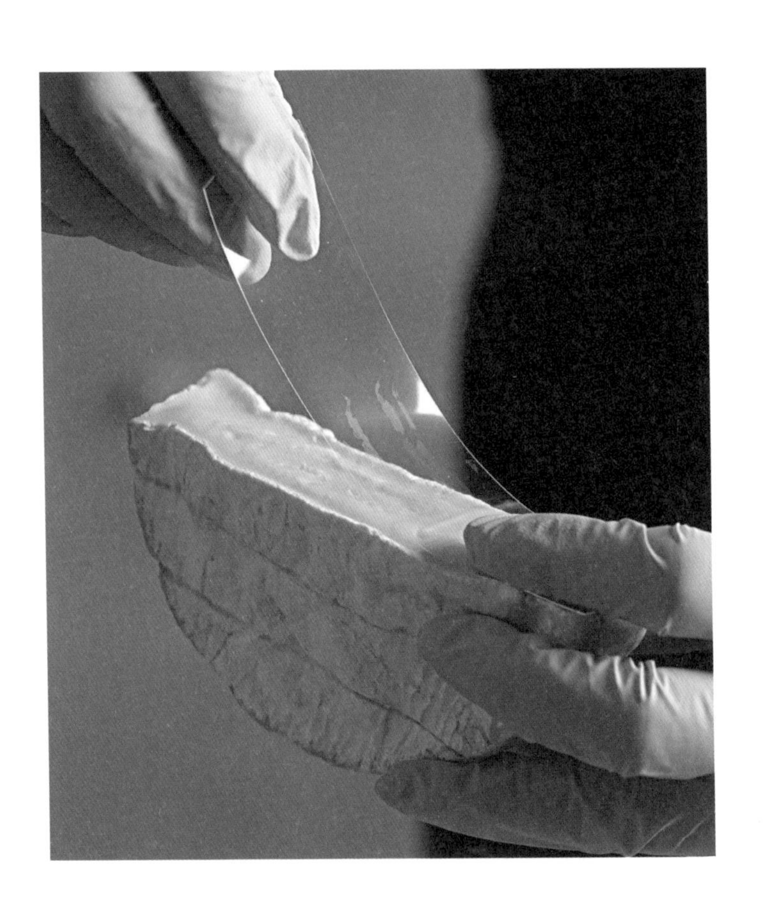

명을 새롭게 사귀는 것 같은 느낌으로 치즈의 출신, 배경, 맛, 이런저런 사연들에 큰 호기심을 느껴왔습니다. 그렇게 하나하나 알아가면서 치즈의 진짜 매력을 깨달았고 제가 느낀 기쁨을 주변 사람들과 함께 공유하고 싶은 마음에 오늘날에 이른 것 같아요.

하지만 제가 한참 호기심을 보이던 초창기에는 치즈는 그렇게 호락호락 곁을 허락하는 친구가 아니었습니다. 치즈를 더 많이 알려는 마음은 커졌으나 딱히 공부할 만한 학교도, 체계적인 교육 과정도, 교과서처럼 믿을 만한 교재나 책이 없었어요. 무엇보다 도움을 청할 마땅한 선생님도 없었습니다. 그래서 저는 꽤 오랫동안 다양한 자료와 채널을 통해서 파편화된 교육을 받아왔고 그 지식을 나름 소화해내며 스스로 정리정돈하는 과정을 겪었습니다.

그렇다고 치즈 전문가로 활동하려는데 이력서에 '독학'이라고 한 줄만 쓸 수는 없잖아요? 목마른 자가 우물을 판다고 수소문 끝에 일반인에게는 문이 잘 열리지 않는 국내 치즈 관련 학교와 일본 치즈 전문기관의 교육을 수료하고 캐나다로 치즈 연수를 떠나는 등 다양한 이력을 만들었습니다. 그 과정에서 좋은 선생님들을 만나 또 다른 기회를 얻고 더 전문적인 치즈 관련 정보도 접하면서 제 치즈 지식창고도 풍성해졌습니다.

이제 우리나라에도 치즈 애호가들이 늘고 있습니다. 하지만 아직 국내에서는 일반인을 위한 치즈 관련 교육이 활성화되어 있지 않습니다. 본문에서도 언급했는데 치즈는 통계에 잡히는 것만 해도 2,000여 종 이상이 있습니다. 이렇게 다양한 치즈를 더 맛있게 즐기는 순서와 방법을 알고 싶어 하는 사람이 늘었는데도 어디서부터 시작해야 할지 막막해 늘 먹는 몇 종류의 치즈에서만 맴맴 도는 사람이 많습니다.

어렵게 공부를 해온 만큼 저와 같은 갈증을 가진 치즈 애호가들에게 조금은 정리된, 그리고 정제된 가이드를 해주고 싶은 마음에 이 책을 출간하게 되었습니다. 출판 계약서를 작성하고 출간하기까지 너무나도 긴 시간이 흘렀는데 책에 대한 욕심과 부담감으로 이렇게까지 길어진 것 같아요.

책은 평소 제가 클래스에서 진행하는 방식과 내용으로 구성되어 있는데요, 아무래도 말로 직접 전할 때보다 다소 전달력이 떨어질 수 있으나 최대한 쉽게 설명하려고 노력했습니다. 그렇지만 이 책 한 권으로 치즈에 대한 모든 것을 다 알기에는 치즈가 가진 이야기가 너무나도 복잡해서 불가능하다고 미리 말씀드릴게요. 그래도 치즈 초보자 수준에서 시작해 애호가들에게 꼭 필요한 정보까지 응축해 담았습니다. 처음에 저는 허허벌판에 선 것 같은 심정으로 온통 헤맸으나 여러분은 그보다는 더 나은 상황이 되었으면 하는 마음입니다. 여러분들에게 이 책이 단비 같은 존재가 되기를 바랍니다.

Life is great.

Cheese makes it better.

Your special cheese guide, FROMAGE

2024년 겨울

김은주

chapter 1 여러분은 왜 치즈 클래스를 수강하시나요

chapter 2 치즈, 어디까지 먹어보셨나요

chapter 3 치즈는 무엇으로 만들까요

chapter 4 제조법을 알면 치즈 지식에 깊이가 생겨요

chapter 5 이것만 알면 전문가, 치즈 8분류

chapter 6 일상에서 치즈 즐기기, 구매에서 맛보기와 보관까지

chapter 7 치즈 미식가가 되어보자, 테이스팅 노트 작성

chapter 8 치즈&음료 페어링으로 분위기 살리기

chapter 9 치즈&푸드 페어링으로 풍성하게 즐겨요

chapter 10 나만의 치즈 플레이트 만들기

Appendix

chapter 1

여러분은
왜 치즈 클래스를
수강하시나요

LE CRÉMIER
CHAUMES

당신만의 특별한 치즈 안내자, 프로마쥬

안녕하세요, '프로마쥬 치즈아카데미'의 김은주입니다. 프로마쥬 치즈아카데미는 2014년부터 치즈 클래스를 열어 치즈를 더 맛있게 즐기려는 다양한 분을 직접 만나왔습니다. 그러다 보니 벌써 제 치즈 강사 경력도 어느새 11년차가 되었네요.

제가 처음 클래스를 시작한 11년 전과 비교하면 지금은 치즈를 바라보는 우리나라 사람들의 시선에서 호감이 더 많이 느껴집니다. 왜 예전에는 치즈라고 하면 '냄새나고 이상한 맛 때문에 못 먹어요' 하고 고개부터 흔들며 눈을 돌리던 분들이 많았거든요. 물론 아직은 치즈를 편안하게 즐기는 문화가 저의 욕심만큼 확대되지는 않았습니다.

그래도 통계를 보면 치즈 애호가가 계속 늘고 있기는 해요. 농림축산식품부의 감독을 받는 낙농진흥회dairy.or.kr는 우리나라 낙농 관련 산업의 발전을 위해 설치한 사단법인인데요, 이곳에서 매년 치즈 통계 수치도 발표합니다. 자료에 따르면 국민소득 1만 달러를 돌파한 1995년 우리나라 1인당 치즈 소비량은 0.3kg이었으나 2022년에는 무려 3.7kg으로 12배 이상 증가했다고 해요.

그러면서 프로마쥬 치즈 클래스에도 다양한 분들이 찾아왔습니다. 클래스 정원이 10명이면 8명이 여성분, 나머지 2명이 남성분이에요. 그나마도 남성분들은 여자친구 손에 끌려 오시는 분들이 많았습니다. 연령대는 폭넓은 편이지만 30~40대가 압도적으로 많아요. 단순히 치즈를 좋아하는 분, 요리에 응용할 색다른 식재료를 탐구하려는 분들뿐 아니라 직업적으로 연관성이 있는 와인, 차, 커피, 맥주, 빵, 디저트 같은 요식업 종사자분들도 저희 클래스의 문을 두드립니다.

저는 수업을 시작할 때 설문지를 나누어주면서 "여러분은 왜 이 치즈 클래스를 수강하시나요"에 대한 답을 쓰게 하고 직접 물어도 봅니다. 수강생들의 니즈를 정확하게 파악하기 위해서인데 다양한 분들이 오시기에 다양한 이유를 확인할 수 있습니다. 그래도 가장 많이 나오는 대답이 "치즈를 좋아하는데 일상에서 편하게 즐기기는 어려워서 더 알아보러 왔어요"입니다. 당신이 이 책을 집어든 이유는 무엇인가요?

프로마쥬 치즈 클래스를 찾은 이유 체크리스트

□ 치즈는 좋아하지만 이름도 맛도 어렵고 잘 몰라서
□ 종류가 너무 많아서 어떤 치즈를 사야 할지 몰라서
□ 새로운 치즈를 마주했을 때 맛과 먹는 방법이 궁금해서
□ 무수히 많은 치즈 중 나만의 치즈 취향을 찾고 싶어서
□ 평소 와인을 자주 마시는데 함께 먹기 좋은 치즈를 알고 싶어서
□ 치즈와 푸드, 음료와의 페어링이 궁금해서
□ 치즈 구매, 커팅, 플레이팅, 보관 등 일상 이용법이 궁금해서
□ 요리와 베이킹에 다양한 치즈를 사용해보고 싶어서

프로마쥬의 로고에 써 있는 문구, 혹시 아시나요?

Your Special Cheese Guide,

FROMAGE

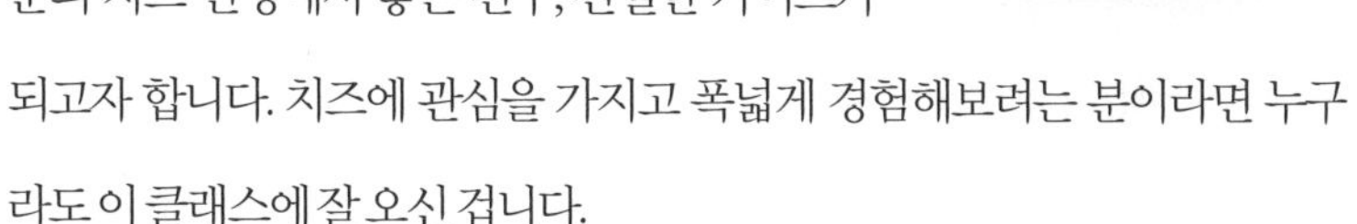

이 말처럼 프로마쥬 치즈 클래스는 여러분의 치즈 인생에서 좋은 친구, 친절한 가이드가 되고자 합니다. 치즈에 관심을 가지고 폭넓게 경험해보려는 분이라면 누구라도 이 클래스에 잘 오신 겁니다.

이 책은 치즈 애호가 여러분의 거의 모든 궁금증에 답을 드리려고 합니다. 무엇보다 저는 이 클래스를 통해 두 가지는 꼭 얻어 가시면 좋겠다고 생각합니다. 하나는 다양한 치즈를 함께 맛보는 기쁨을 갖는 것이고, 또 하나는 평생 좋아해서 즐길 수 있는 나만의 치즈를 한 종류라도 찾는 것입니다. 이것저것 경험하다 보면 분명 입에 안 맞는 치즈도 있겠지만 내 입맛을 알아나가는 과정 자체를 즐기신다면 정말 기쁠 것 같습니다.

그래서 이 책에서는 일상에서 치즈를 즐기는 데 꼭 필요한 정보를 재미있게 담으려 노력했습니다. 마치 대면해서 수업하는 것처럼 최대한 눈에 보이듯 친절하게 설명했습니다.

그럼 치즈 클래스에 오셨으니 기본 치즈 맛보기 사진부터 볼까요?

프로마쥬 치즈아카데미의 원데이 클래스에서는 분류별(치즈 8분류 중

가공치즈를 빼고 하나씩)로 일곱 가지 치즈를 맛보도록 사진에서와 같은 플레이트를 제공합니다(시기에 따라 종류는 조금씩 달라집니다). 또 같이 즐기면 좋은 식재료와 두 잔의 페어링 음료도 함께합니다.

전반부 치즈 소개가 끝나면 후반부 테이스팅(맛보기)이 이어지는데 제가 권하는 대로 조합해 드시면 가끔은 놀라서 눈을 크게 뜨는 분들이 계세요. 설명을 들으며 페어링해 먹으니 치즈가 더 맛있어서 수업도 그만큼 즐거웠다고 말씀해주십니다. 여러분도 이 책을 읽을 때마다 치즈와 페어링 식재료를 한두 가지씩 사서 맛보세요. 치즈가 머리뿐 아니라 몸으로도 확 이해가 될 거예요.

프로마쥬 치즈아카데미에서는 원데이 클래스부터 전문 심화 과정까지 폭넓게 클래스를 운영하고 있습니다. 상세 내용은 프로마쥬 홈페이지 fromage.co.kr를 통해 확인 가능합니다.

원유 종류와 제조 방법에 따른 프로마쥬 치즈 8분류

프로마쥬 치즈 8분류는 5장에서 더 자세히 설명합니다. 지금은 이런 분류가 있다는 것만 알아두세요.

① **생치즈**fresh cheese

리코타, 모짜렐라, 마스카르포네, 부라타

② **흰색외피연성치즈**soft-bloomy rind cheese

까망베르, 브리, 뇌샤텔

③ **세척외피연성치즈**soft-washed rind cheese

랑그르, 에뿌아쓰, 시메이

④ **반경성치즈**semi-hard(비가열 압착uncooked pressed cheese)

체다, 고다, 라클렛

⑤ **경성치즈**hard(가열압착cooked pressed cheese)

에멘탈, 파르미지아노 레지아노, 그뤼에르

⑥ **푸른곰팡이치즈**blue veined cheese(블루)

고르곤졸라, 블루 스틸턴, 로크포르

⑦ **염소젖치즈**goat's milk cheese

바농, 발랑세, 쌩뜨 모르 드 뚜렌느

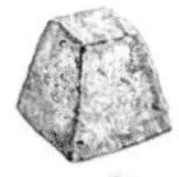

⑧ **가공치즈**processed cheese

날카로운 첫 자연치즈의 추억, 까망베르

먼저 여러분이 이후 치즈 공부의 방향을 잡는 데 도움이 될 듯해 제가 어떻게 치즈를 접하고 직업으로 삼아 지금 이 자리에 섰는지부터 간단하게 설명하겠습니다.

저 또한 치즈와는 전혀 무관한 삶을 살았습니다. 그저 비닐에 낱장으로 포장된 노란색 슬라이스 가공치즈가 전부인 줄 알았죠. 그러다 2004년에 직장 동료가 건네준 한 조각의 치즈를 맛보고 치즈에 눈을 떴습니다.

'이게 치즈라고?'

껍질이 하얗고 속살은 크림색에 살짝 쿰쿰한 향이 나는 치즈였는데 난생처음 접하고 맛보는 신세계였죠. 그런 낯섦과 어색함이 싫지 않고 오히려 호기심이 발동했습니다.

그 치즈가 바로 매일유업의 자연치즈 브랜드 상하에서 출시한 까망베르Camembert입니다. 지금도 가끔 그 치즈를 마트에서 보면 웃음이 나곤 합니다.

좋아하면 더 알고 싶은 마음이 커지는 법이죠? 치즈에 대한 호기심은 자연스럽게 새로운 치즈를 하나씩 맛보고 공부하는 것으로 이어졌습니다. 정말 신기하고 즐거운 여정이었죠.

하지만 당시 우리나라는 자연치즈 불모지에 가까웠습니다. 국내 출판된 몇 권 안 되는 치즈책을 다 찾아 읽었고, 그것도 부족해 해외 서적을 구매해 사전을 뒤적이며 읽어 나갔습니다. 웹 서칭도 엄청 많이 했죠.

그런데 공부하면 할수록 직접 치즈를 만들어보아야겠다는 생각이 강해졌습니다. 책을 통해 배우는 것에는 한계가 있더라고요. 그래서 이곳저곳을 찾다가 2008년 1월, 드디어 경기도 여주의 트라움 밀크 영덕목장에서 치즈 만들기를 경험해볼 수 있었습니다. 이 이야기는 치즈 제조를 설명하는 시간에 더 자세히 해볼게요.

단순한 취미를 넘어 치즈를 좀 더 전문적으로 공부하고 싶다는 마음이 들수록 저는 하던 일과 치즈 만들기를 두고 고민을 할 수밖에 없었습니다. 최종적으로 저는 치즈를 만들고 싶었고, 그렇다면 한번 해보고 결정하기로 했습니다. 해봐야 답이 나올 것 같았거든요.

현재 저는 프로마쥬 치즈아카데미를 운영하며 강사로서 치즈 교육을 하고 있지만 처음에는 치즈메이커가 되고 싶었습니다. 내 이름을 내건 작은 치즈공방을 열어서 다양한 치즈를 매일 만들어 사람들에게 소개하고 싶었던 거죠.

하지만 국내에는 전문적으로 치즈 제조 교육을 하는 곳이 많지 않았고, 그나마 있는 곳들도 목장을 운영하는 축산농가를 대상으로 해서 일반인은 접근조차 쉽지 않았습니다. 그래도 여기저기 열심히 문을 두드리자 제 열정과 노력을 안타까워하며 여러 전문가분이 손을 내밀어주었습니다. 그렇게 해서 2013년에는 국립순천대학교 배인휴 교수님을 통해 치즈 사관학교 과정을 수료할 수 있었고 유제품가공사 자격까지 취득했습니다. 하지만 이 과정에서 치즈 제조는 육체적으로 무척이나 고된 일임을 깨달았습니다. 하나 더, 우리나라에서는 목장주의 딸로 태어나지 않는 이상 개인이 원유를 안정적으로 공급받기가 어렵다는 사실을 알고 좌절했답니다.

그래도 치즈 사랑은 지속되었고 2015년에는 제 인생의 특별한 치즈 선생님들과 인연이 닿아 캐나다 치즈 전문점 두 곳으로 연수를 다녀오는 행운도 만났습니다. 캐나다는 특히 유럽 이주민이 많은 국가여서 치즈를 다양하게 들여와 취급합니다. 그곳에서 국내에는 없는 치즈들을 실컷 맛보며 제 경험을 넓힐 수 있었죠.

2017년은 새로운 도전의 시기였어요. 일본으로 건너가 두 분의 선생님에게서 전문 치즈 교육을 받고 한층 더 업그레이드된 커팅과 플레이팅 기술을 익혔습니다. 이렇게 2004년부터 2017년까지 제법 긴 시간 동안 다양한 공부와 경험을 하면서 치즈 분야에서 제가 가장 잘할 수 있는 영역은 교육이라고 판단했습니다. 그렇게 저는 치즈 교육 강사가 되어 이 자리에 섰습니다. 단순 애호에서 시작되어 제 삶의 큰 부분이 되어버린 치즈, 저야말로 덕업일치를 실현했네요.

치즈란 무엇인가, 기본 정보 알아보기

이 책이 치즈를 다루니 1장에서는 치즈 기본 지식과 역사를 짧게나마 언급하겠습니다.

치즈는 한마디로 '포유류의 젖에 있는 단백질을 응고시켜 만든 칼슘과 단백질 등 영양가가 풍부한 발효식품'입니다. 한국의 오래된 문서에서는 '건락乾酪'으로 표기했고, 영어로는 치즈cheese, 프랑스어로는 프로마쥬fromage, 이탈리아어는 포르마지오formaggio, 스페인어는 퀘소queso 등 다양하게 불립니다.

서양의 치즈 역사는 기원전으로 거슬러 올라갑니다. 그만큼 오랜 시간 동안 우리의 곁을 지켜온 식품으로 영양학적 가치가 크고 저장성이 뛰어납니다. 오늘날 세계 전역에서 다양한 치즈를 만날 수 있게 된 데는 고단하고 긴 여정을 겪어야 했던 상인과 군대의 이동이 큰 몫을 했다고 하죠. 그들에게 치즈는 고단백에 저장성이 용이한 중요한 식량자원이었는데 이들이 이동하면서 유럽 전역으로 치즈 제조법이 퍼져나갔거든요.

치즈의 종류는 통계에 잡히는 것만 해도 전 세계적으로 1,700여 종 이상입니다. 누구는 2,000종 이상이라고도 하고 지금 이 순간에도 어디에선가 새로운 치즈가 만들어지기에 훨씬 더 된다고도 주장하죠.

샤를 드골Charles De Gaulle 전 프랑스 대통령은 프랑스인의 다양한 개성을 치즈에 빗대어 표현하기도 했습니다.

"246가지 치즈를 가진 나라를 통치한다는 건 불가능에 가깝다."

그만큼 치즈의 종류가 많고 맛 또한 다양합니다.

그런데 절망적인 사실은, 치즈와 같은 발효식품은 직접 보고 먹어온 경험이 없는 이들에게는 개념 이해도, 받아들이기도 어렵다는 점입니다. 아무 사전정보 없이 김치나 된장을 마주한 외국인을 생각해보면 쉽게 이해가 되겠죠? 이 어려움을 극복할 방법은 하나뿐입니다.

'많이 접하고 많이 먹어보는 것.'

하지만 마구잡이로 시도하면 시간이 오래 걸릴 뿐 아니라 자칫 잘못된 경험으로 중도에 포기할 수도 있습니다. 그래서 특별하고 친절한 치즈 가이드, 프로마쥬의 치즈 클래스가 필요합니다. 프로마쥬는 매력적인 치

즈가 여러분 옆에서 평생 좋은 친구로 함께하도록 도와드립니다.

치즈와 단짝 친구인 와인 역시 우리나라 사람들이 처음 접했을 때는 뭐가 뭔지 몰라 많이들 헤맸습니다. 가격, 풍미 등을 따져서 상황에 맞는 와인을 골라야 한다니, 정말 어려운 일이었죠. 하지만 여러 번 마셔보고, 관련 공부도 조금씩 하면서 자기 취향을 파악해 이제 와인을 멋지게 즐기는 사람들이 많아졌습니다.

치즈도 마찬가지입니다. 큰 줄기를 잡으면 우리의 식탁에 어렵지 않게 치즈를 올릴 수 있죠. 치즈는 필수 식재료는 아니지만 한 조각의 치즈가 더해지는 순간, 우리의 삶이 더 풍요로워진다고 자신 있게 말씀드립니다. 그래서 충분히 배울 만한 가치가 있는 식품이죠.

우리나라에서도 치즈가 만들어질까

네, 우리나라에서도 치즈를 만듭니다. 《삼국유사》에 따르면 4세기부터 우유 가공품을 먹었다고 하지만 치즈는 아니었다고 합니다. 한국의 치즈 역사는 바로 여러분이 머릿속에 떠올리는 그 지역 '임실'이 시작점입니다.

1966년, 벨기에인 디디에 세스테벤스Didier t'Serstevens(한국명 지정환) 신부님이 가난한 지역민의 생활을 조금이라도 개선하기 위해 치즈를 만들었습니다. 당시에는 지금보다도 더 치즈가 생소한 식품이었겠죠? 신부부님은 생판 낯선 치즈를 임실 사람들에게 어떻게 설명했을까요? 지정환 신부님은 치즈를 '우유로 만든 두부'에 비유하셨다고 하는데요, 치즈 만드는 과정이 정말 두부와 비슷합니다. 이 이야기 역시 뒤에서 조금 더 자세히 해볼게요.

현재 우리나라도 다양한 지역에서 치즈를 만들고 있습니다. 그런데 치즈 애호가들 사이에서 한국 치즈에 대한 평가는 상당히 엇갈립니다. 혹자는 국내산이라 믿을 만하다고 하고, 또 다른 쪽은 한국 치즈는 종류가 너무 적다고 하죠. 둘 다 맞는 말인지 모릅니다. 한국의 치즈 역사는 아직 100년도 되지 않았기에 기원전에 시작된 서양에 비해 짧아요. 그러니 서양의 치즈 문화에 빗대어 이야기할 것은 분명 아니라고 생각합니다. 한국 나름의 치즈 역사가 시작되었음을 다행으로 여기면 좋을 것 같아요.

지정환 신부님과 함께

가끔 '국내산 치즈는 수입 치즈에 비해 왜 이렇게 비싼가요' 하고 묻는 분들이 계세요. 상식적으로 외국에서 수입하면 물류비와 각종 비용이 더해져 더 비쌀 것 같지만, 오히려 한국에서 만든 치즈 가격이 높은 것이 현실입니다. 한국은 젖소 급식에 사용하는 건초와 사료를 수입에 의존하는 비율이 높고 나아가 원유 생산비 상승으로 우유 가격이 기본적으로 비싼 편입니다. 치즈값도 이에 연동해 상대적으로 비싸고요. 하지만 국내 치즈시장이 커지면 이 상황에 변화가 생길 거라고 생각합니다.

1장에서는 치즈 클래스를 듣는 이유, 제가 치즈를 공부한 과정, 그리고 치즈란 무엇인가를 간략하게 살펴보았습니다. 그럼 이제 저와 함께 치즈 이야기를 본격적으로 시작해볼까요?

치즈를 만드는 지정환 신부님

와인 전문가는 소믈리에, 그렇다면 치즈 전문가는?

요리사, 은행원, 정비사, 승무원, 의사, 변호사라는 직업명을 들으면 무슨 일을 하는 사람인지 단번에 알 수 있습니다. 그렇다면 저처럼 치즈를 판매하고 교육하며 사람들이 원하는 치즈를 추천하는 사람은 어떤 직업명으로 부를 수 있을까요?

답부터 바로 알려드리겠습니다. 영어로는 치즈몽거Cheesemonger(영어사전에서 검색하면 '치즈장수'라고 나옵니다), 프랑스어로는 프로마제Fromager라 할 수 있습니다. 우리에게는 아직 생소한 직업명이죠? 하지만 프로마제는 치즈의 생산, 유통, 숙성, 교육에 관여하는 치즈 전문가 집단을 광범위하게 통칭해서 부르는 직업명입니다. 치즈를 만드는 사람만 국한해서 말할 때는 치즈메이커라고도 합니다.

와인 전문가 소믈리에sommelier도 처음 들었을 때는 무척 생소했지만 지금은 와인과 같은 주류를 소비자의 요청에 따라 전문적으로 추천하는 일을 하는 사람을 뜻하는 직업명으로 완전히 알려졌잖아요. 커피 관련해서 바리스타도 마찬가지고요.

현재 프로마제는 고용노동부에서 펴내는 《한국직업사전》에도 등재되어 있지 않아요. 이 책은 급변하는 노동시장 변화에 따라 변동·소멸하는 직업세계를 조사·분석하여 표준직업명을 제정해 객관적이며 표준화된 직업정보 제공을 주된 목적으로 하고 있다고 하네요. 프로마제라는 직업명이 우리 사회 이곳저곳에서 많이 들려서 이 책에 실리는 날이 빨리 오도록 제가 다양한 활동을 통해 프로마제의 전문성을 널리 알려야 하는 숙제를 안고 있습니다.

프로마제 김은주의 활약을 앞으로도 기대해주세요.

chapter 2

치즈, 어디까지 먹어보셨나요

BOSKA
BOSKA HOLLAND

이미 많이 먹어 알고 있는 치즈

"여러분이 생각하는 자연치즈를 머릿속에서 그림으로 그려보세요."

수강생들에게 이렇게 말하면 대부분 만화영화 <톰과 제리>에 나오는, 삼각형에 구멍이 숭숭 뚫린 노란색 치즈를 떠올리시더라고요. 이 치즈는 스위스가 자랑하는 에멘탈Emmental이에요.

덜 떨어진 발명가와 그의 개가 나오는 영국의 유명 애니메이션 <월레스와 그로밋>에는 둘이 달나라로 여행을 떠나는 설정이 나옵니다. 저는 이 애니메이션을 보고 특히 달나라의 표면이 모두 치즈로 되어 있어서 치즈 조각을 잘라 크래커와 차를 함께 즐기는 장면이 인상 깊었습니다. 그래서 치즈 하면 저는 이 장면이 가장 먼저 떠오릅니다.

대중에게 많은 사랑을 받는 길게 쭈욱 늘어나는 모짜렐라Mozzarella도 있어요. 부드럽고 탄력 있게 늘어나는 치즈라서 영화나 광고에 자주 나왔죠. 또 이제 유학이나 업무 때문에 해외 생활을 하시고 돌아온 분이 많아서인지 요즘 큰 마트에 가면 샌드위치용으로 얇게 슬라이스한 치즈를 팔기도 합니다. 샌드위치에 자주 쓰는 고다Gouda와 체다Cheddar를 먹어 보신 분도 많죠.

"그럼 그 치즈들은 어떤 맛과 향을 지녔나요?"

대부분 치즈에 관심이 있어 프로마쥬 클래스를 찾아온 분들이라 대답을 척척 하십니다.

“고소하고 짭짤해요.”

“살짝 쿰쿰한 냄새가 나요.”

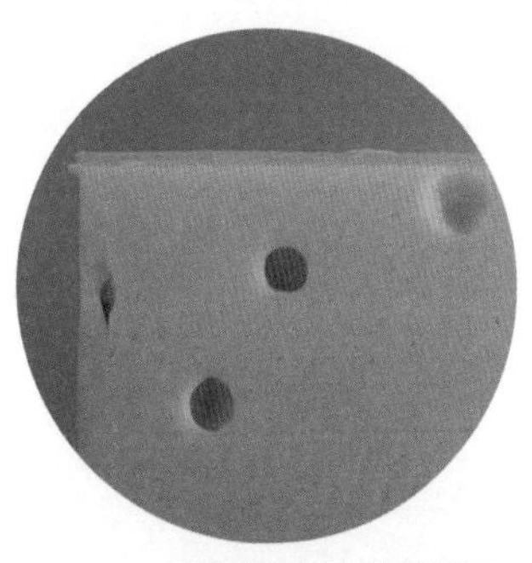
구멍이 숭숭 난 에멘탈치즈

자연치즈를 많이 경험해보시지 않았더라도 낙담할 필요는 없으세요. 앞서 말씀드렸듯이 치즈의 종류는 정말 다양하고 여러분이 모르는 맛과 향 또한 많아요. 아직 먹어 본 치즈가 적다는 것은 새롭게 경험할 게 많다는 의미이니 어떤 면에서는 두근두근 기대되기도 하지 않나요? 이제부터 하나하나 알고 먹어볼 생각에 말이에요. 참, 에멘탈치즈에 난 구멍을 치즈아이Cheese Eye라고 해요. 눈 모양을 닮았다고 생각하기 때문입니다. 이 치즈아이는 제조 과정 중 발생하는 이산화탄소 때문에 생기기에 일부 치즈에서만 볼 수 있습니다. 또 치즈를 씹었을 때 질감이 다른 결정체도 있는데 이는 오래 숙성시킨 치즈에서 보입니다.

이야기가 다른 쪽으로 흘렀는데 다시 우리가 알고 있는 치즈로 돌아와 보겠습니다.

“여러분, 그러면 평소 우리는 치즈를 어디서 어떻게 먹나요?”

이 질문에도 불과 얼마 전까지만 해도 카페나 레스토랑, 와인바에서 요리나 치즈 플레이트로 경험했다고 많이 말씀하셨습니다. 그러나 최근에는 가정에서도 자주 드시더라고요. 간단한 치즈 플레이트를 만들어 와인과 함께 즐기기도 하시고요. 치즈가 우리 집 안으로 성큼 들어온 거죠.

1

2

3

아주 흔한 건 빼고 몇 가지 요즘 유행하는 치즈 요리를 사진과 함께 예로 들어볼게요. '아하, 의외로 먹어본 게 많네' 하실 수도 있어요.

영양과 맛을 잡은 샐러드 속 치즈

1. 삼색의 조화가 좋은 카프레제 샐러드

토마토와 모짜렐라치즈, 바질만 있으면 완성되는 색감이 예쁜 샐러드입니다. 모짜렐라는 담백하고 고소해 누구나 부담 없이 즐길 수 있어요. 이 치즈는 형태가 다양한데 손으로 찢어 간식으로 즐기는 스트링치즈, 피자에 많이 사용하는 슈레드 모짜렐라, 샐러드에 활용하는 생모짜렐라까지 다양한 경험들을 해오신 듯합니다.

왼쪽 사진에 쓰인 모짜렐라는 보콘치니Bocconcini입니다(50p '모짜렐라치즈의 여섯 사촌들' 참고).

2. 상큼한 리코타치즈 샐러드

순두부 같은 리코타Ricotta는 집에서도 쉽게 만들 수 있는 치즈여서 한때 우리나라에서도 너나할것 없이 시도해 국민 레시피가 있을 정도죠? 각종 채소에 과일, 견과류를 더하고 리코타치즈만 얹으면 든든한 다이어트 식단이 되기도 합니다.

보통 일차로 치즈를 만들고 남은 수분인 유청(훼이)Whey을 추가로 응고시킨 치즈라 맛이 담백해요. 여기에 크림이나 우유를 추가해 풍미를 끌어올리기도 합니다.

3. 화려한 부라타치즈 과일샐러드

쉽게 말해 밀가루 대신 모짜렐라로 피를 만들고, 안은 부드럽고 고소한 스트라차텔라Stracciatella(모짜렐라+크림)를 채운 만두 치즈예요. 말랑한 부라타Burrata치즈를 칼로 자르면 고소한 크림이 흘러내려 마치 수란 같아요. 딸기, 포도, 토마토 등과 함께 화려하게 장식하면 간단한 모임에서 제 역할을 톡톡히 해냅니다.

미식가를 사로잡은 치즈 요리

1. 파스타에 내린 하얀 치즈 눈

한국 요리의 마지막 장식이 통깨라면 이탈리아식 마무리는 파르미지아노 레지아노Parmigiano-Reggiano치즈가 아닐까요? 그냥 먹어도 맛있지만 샐러드나 파스타 위에 곱게 갈아 올리면 요리가 더 먹음직스러워 보이죠. 미국식 표현인 파마산Parmesan치즈로 많이 알고 계신 파르미지아노 레지아노는 '이탈리아 치즈의 왕'으로 불린답니다.

1
2
3
4

2. 블루치즈인지 모르고 즐기는 고르곤졸라치즈 피자

"고르곤졸라Gorgonzola치즈 피자와 늘 함께 나오는 것은 무엇이죠?"

이렇게 물으면 이제 다들 한목소리로 답합니다.

"꿀이요!"

이 푸드 페어링은 외식 메뉴로 많이 경험해온 터라 완전히 학습되어 있죠. 그런데 치즈 클래스에서 이 치즈만 단독으로 맛보게 하면 강한 블루치즈의 맛에 놀라는 분이 많아요. 피자에는 블루치즈를 조금만 사용하기 때문인데요, 확실히 요리를 통해 치즈를 접하면 거부감이 줄어드는 것 같습니다.

3. 데워서 녹여 먹는 치즈 퐁듀

퐁듀는 한입 크기의 빵, 햄, 감자를 꼬챙이에 끼워 녹인 치즈에 찍어 먹는 스위스 전통 요리입니다. 길고 추운 겨울날 먹을 것을 구하기 어려운 시기에 남은 치즈들을 모아서 따뜻하게 데우고 딱딱해진 빵을 찍어 먹었던 것에서 유래한, 출발은 배고픈 서민을 위한 음식이었죠.

그런데 퐁듀에는 어떤 치즈를 녹여서 쓸까요? 잘 알려진 레시피에서는 주로 스위스 치즈인 에멘탈과 그뤼에르Gruyere치즈를 반반 섞어서 사용하는데 지역에서 구하기 쉬운 치즈나 먹다가 애매하게 남은 치즈들을 섞기도 합니다.

4. 원조 치즈 폭포 라클렛

역시 스위스의 전통 요리로, 라클렛Raclette은 치즈의 이름이자 치즈를 녹여 감자나 빵과 함께 먹는 요리의 이름이기도 합니다. 이 치즈는 단독으로 즐기기보다는 열에 굉장히 잘 녹는 특징 때문에 멜팅 치즈로 활용도가 높아요. 각종 채소뿐 아니라 고기와도 잘 어울립니다. 전용 라클렛 그릴이 등장하면서 대중적으로 큰 인기를 얻는 요리가 되었습니다.

간혹 고급 음식점에 가면 라클렛 치즈를 반으로 갈라 전용도구인 멜터로 녹여 음식에 부어주기도 하는 원조 치즈 폭포랍니다. 한국에서는 종종 라클렛치즈보다 저렴한 블록형으로 만든 에멘탈이나 고다, 체다치즈를 사용하기도 합니다.

언제 어디서나 편하게 즐기는 치즈 안주와 디저트

1. 디저트도 되고 식사도 되는 베이크드 까망베르

흰색 곰팡이가 치즈 전체를 덮은 까망베르는 전 세계적으로 인기가 많아 복제 상품 수도 가장 많아요. 지금도 특유의 고릿함 때문에 연성치즈류는 어려워하는 분이 많지만 그럼에도 까망베르치즈의 인지도는 제법 높은 편인 것 같아요.

이 치즈에 견과류와 꿀을 더해 오븐에 구워서 먹는 디저트 버전의 베

1
2
3
4

이크드 까망베르 레시피를 활용해 파티를 준비하는 분이 많더라고요. 저는 버섯과 양파, 베이컨을 함께 볶아 치즈 위에 올리고 마무리로 후추와 넛맥을 추가해 오븐에 구운 식사 버전을 더 좋아합니다. 가끔 브리치즈를 써도 괜찮냐는 질문을 하시는 분이 있는데, 당연히 괜찮습니다.

2. 치즈 플레이트의 단골, 과일치즈와 스모크치즈

와인바에 가서 치즈 플레이트를 주문하면 늘 빠지지 않고 등장하는 두 가지 치즈가 있답니다. 바로 과일치즈와 스모크치즈예요. 지방 함량이 높은 크림치즈에 과일이나 견과류, 허브 등을 첨가해 만드는 과일치즈는 달콤하고 편안한 맛이라 많은 분이 좋아합니다.

또 치즈를 만드는 과정에서 변질을 막기 위해 특유의 훈연향을 입히는 훈제치즈는 가공치즈화되면서 인공적인 스모크향을 더해 완전히 대중치즈로 정착했습니다.

3. 디저트로 대박 친 치즈계의 누텔라

노르웨이의 브라운Brown치즈는 마치 솔티드 캐러멜을 먹는 것과 같은 맛입니다. 보통은 크래커에 딸기잼과 곁들여 간식이나 간편한 아침 식사로 즐기는데 2019년 한국에 첫 수입된 이후 예상과는 다른 방향으로 대박을 쳤답니다. 크로와상 생지를 이용해 만든 크로플 위에 아이스크림을 얹고 브라운치즈를 곱게 갈아 함께 즐기는 디저트로 유명해졌거든요.

4. 더 이상의 말이 필요 없는 티라미수와 치즈케이크

치즈를 좋아하지 않고 심지어 안 먹는다는 사람도 치즈가 들어간 케이크와 디저트는 자주 즐기는 것 같아요. 커피와 함께 먹기 좋은 티라미수는 이탈리아의 마스카르포네Mascarpone치즈를 듬뿍 넣어서 만든답니다. 부드럽고 달콤쌉싸름한 맛의 티라미수는 지친 오후 시간, 부족해진 당을 충전시켜주기에 충분하죠.

지금까지 일상에서 우리가 만나본 치즈를 알아보았습니다. 여러분은 어디까지 먹어보았나요? 대략 20종가량의 치즈 이름이 나왔는데 이렇게 살펴보니 먹어본 치즈가 꽤 되지 않나요? 정리가 안 되어서 그렇지 우리는 치즈에 대해 의외로 많은 것을 알고 있습니다.

지금까지 먹어본 치즈 중 가장 좋았던 것을 한 번 꼽아보세요. 맛, 냄새, 식감 등 무엇이 내 취향에 영향을 주었나요? 의외로 강한 맛을 잘 받아들이는 분도 있고 어떤 분은 깊이 숨은 미묘한 과일이나 풀향에 끌리기도 합니다. 하나하나 꼽아보면서 자신만의 인생 치즈를 찾는 길을 걸으면 좋을 것 같습니다.

저는 수업을 하다 보면 '강사님은 어떤 치즈를 좋아하세요?'라는 질문을 종종 받습니다. 사실, 저의 대답은 '그때그때 달라요'입니다. 시장에 파릇파릇한 봄나물이 등장하면 풀향이 나는 염소젖치즈가 생각나고, 뜨거운 여름 시원한 스파클링와인 한 잔이 간절해지면 생치즈에 샐러드가 딱

떠오릅니다. 날이 선선해지면 따뜻한 커피와 함께 즐기기 좋은 중간 정도 딱딱한 치즈를 찾고, 추운 겨울에는 오븐 요리에 사용할 이런저런 치즈들을 꺼내죠.

주로 계절 변화에 따라 치즈 선호도가 달라지는 경향이 있는데, 함께 곁들이는 제철 식재료와 음식 때문인 것 같습니다. 저에게 단 하나의 치즈만 선택하라고 하는 건 너무나도 어려운 문제예요.

인생 치즈를 찾으려면 치즈에 대해 더 잘 알아야겠죠. 치즈를 더 풍부하게, 맛있게 즐기고 싶은 분들이라면 눈을 반짝이며 치즈 미식의 세계로 한 발을 더 들여보세요.

'3장 치즈는 무엇으로 만들까요', '4장 제조법을 알면 치즈 지식에 깊이가 생겨요', '5장 이것만 알면 전문가, 치즈 8분류' 부분은 조금 지루할 수 있지만 아주 중요한 기본 정보입니다. 머리에 바로 들어오지 않더라도 한 번 정독하면 치즈 개념과 분류의 갈래가 잡힐 거예요.

여러분이 난생처음 접하는 특이한 치즈를 선물 받았다고 생각해보세요. 냄새도 이상하고 상태도 부패한 것 같은데 좋은 치즈라고 하네요. 아, 이걸 어떻게 해야 할까요? 조금 난감할지도 모르겠습니다. 아주 잘 발효된 치즈를 누군가는 부패한 상태라고 생각할 수 있고, 반대로 부패한 치즈를 잘 발효되었다고 믿을 수도 있으니까요.

원유와 제조 과정에 따른 대략적인 치즈 특성을 알면 두려움을 내려놓고 조금 더 편안한 마음으로 세상 거의 모든 치즈를 즐길 수 있습니다.

사실 고백하건데 프로마쥬 치즈 클래스에서 가장 어려운 부분이 3장, 4장, 5장 내용입니다. 전통과 다양성을 자랑하는 치즈답게 하나하나가 다른 갈래를 만드니까요. 그래서 나는 최소한의 것만 알고 싶다는 분은 3장과 4장을 건너뛰고 '5장 이것만 알면 전문가, 치즈 8분류'(94p 참고)로 이동하셔도 됩니다.

여러 가지 생소한 용어가 나오지만 먹어보았던 치즈의 이미지를 잘 떠올리며 클래스를 즐겨주세요. 3장과 4장 내용을 머리에 담아두면 치즈 지식이 가지를 뻗어가다 5장에서 한 번에 정리되는 놀라운 경험을 하실 거예요.

자연치즈와 가공치즈, 그 애매한 경계

자연치즈와 가공치즈를 구분 짓는 기준은 미생물의 생존 유무입니다. 미생물이 잔존해서 하루하루 발효와 숙성의 변화를 겪으면 자연치즈, 이러한 자연치즈를 주원료로 해서 첨가제를 추가하고 고온의 환경에 노출시켜 모든 미생물을 없앤 치즈를 가공치즈라고 하죠. 제품 백라벨(한글표시사항) 식품 유형에서 치즈(자연치즈), 또는 가공치즈로 확인할 수 있어요. 하지만 우리는 가끔 헷갈리는 상황에 직면합니다.

'자연치즈 같은데… 왜 백라벨에는 가공치즈라고 되어 있지?'

법에서는 자연치즈에 꼭 필요한 최소한의 첨가물만 허용합니다. 미생물의 생존 유무 기준에 부합한 자연치즈라 할지라도 예를 들어 맛을 위해 견과류를 더하는 순간, 가공치즈로 분류되어버릴 수 있습니다. 업계의 개념 구분과 법의 기준은 다를 수 있음을 감안해야 합니다.

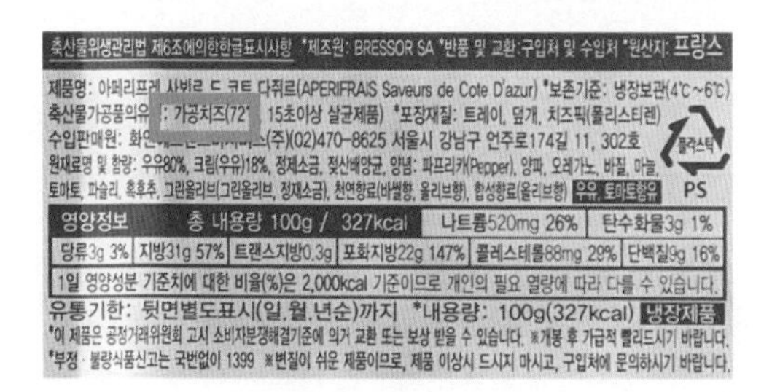

왜 이렇게 비슷한 치즈가 많은 거야, 형제 치즈

1. 까망베르 vs 브리

둘 다 하얀 외피에 부드러운 속살을 가졌고 많은 사람에게 사랑받아요. 대표적인 버섯 풍미가 비슷해 자칫 같은 치즈로 오인되기도 합니다. 두 치즈의 차이를 묻는 질문을 많이 받는데요, 답은 생각보다 간단해요.

"원산지가 다릅니다."

까망베르는 프랑스 북부 노르망디 해안가, 브리는 파리 근교 내륙에서 만들죠. 원산지가 달라 해당 지역의 자연환경 차이에 따른 근본적인 미생물 고유의 특징이 다르고, 나아가 결과물에서도 차이가 있습니다. 발효식품의 특징이자 매력이죠. 여러 회사에서 복제 상품을 만드는데 이럴 경우에는 사실 까망베르 스타일, 브리 스타일이라고 해야 합니다.

모양도 색도 맛도 비슷한 까망베르(좌)와 브리(우)

2. 파르미지아노 레지아노 vs 그라나 파다노 vs 페코리노 로마노

파스타, 샐러드, 피자 등 이탈리아 요리에 널리 사용하는 대표 삼대장입니다. 시중에서 삼각형 웨지 모양으로 150~300g씩 소분된 모습으로 판매되는데 언뜻 보기에 굉장히 비슷하죠. 결론적으로 세 치즈 모두 단단한 치즈로 기본 특징과 심지어 용도도 비슷하지만, 원산지와 원유에서 차이가 납니다. 파르미지아노 레지아노와 그라나 파다노Grana Padano는 소젖으로 만들고 원산지도 비슷해 더 흡사한데, 파르미지아노 레지아노의 생산 지역이 좀 더 좁고 품질 관리가 엄격한 편입니다. 양젖으로 만드는 페코리노 로마노Pecorino Romano는 역사가 오래된 치즈로 상대적으로 지방 함량이 높고, 풍부한 맛을 보여줍니다.

숙성 기간이 동일하다고 전제할 때 한국에서의 가격 수준은 그라나 파다노, 파르미지아노 레지아노, 페코리노 로마노 순으로 높아집니다.

이탈리아 요리 삼대장 파르미지아노 레지아노(좌), 그라나 파다노(중앙), 페코리노 로마노(우)

3. 모짜렐라치즈의 여섯 사촌들

소젖, 물소젖으로 만들고 전반적으로 부드러우면서 담백한 맛, 열에 잘 녹는 특징을 가진 모짜렐라는 이름을 공유하지만 조금씩 특징과 형태가 다른 사촌 치즈들이 있습니다.

첫 번째, 생모짜렐라는 공 모양으로 연한 소금물에 담긴 상태로 비닐 포장, 컵 포장되어 판매됩니다. 수분이 많고 부드러운 질감으로 카프레제 샐러드에 많이 사용하죠.

두 번째, 보콘치니는 생모짜렐라와 같지만 새알 옹심이 같은 크기와 모양이에요.

세 번째, 모짜렐라 로그log는 생모짜렐라보다 수분감이 적고 탄력 있는 단단함을 보입니다. 통통하고 기다란 소시지처럼 생겨 사용하기 편해 다양한 요리에 자주 쓰입니다.

네 번째, 슈레드 모짜렐라는 피자를 만들 때 주로 사용해서인지 피자치즈로 많이 불리죠. 수분을 덜어내고 단단한 블록형 모짜렐라를 만든 후, 잘게 잘라 포장해서 판매합니다.

다섯 번째, 스트링치즈는 편의점에서 불닭볶음면과 함께 즐기는 분들이 많더라고요. 건조하지만 부드러워 결대로 찢어 먹는 재미가 있어요.

여섯 번째는 앞에서 설명한 치즈계의 만두 부라타입니다.

1
2
3
4
5
6

chapter 3

치즈는 무엇으로 만들까요

생각보다 다양한 치즈 원재료, 원유

앞에서 치즈는 '포유류의 젖에 있는 단백질을 응고시켜 만든 영양가가 풍부한 발효식품'이라고 했죠? 포유류의 젖 하면 우유牛乳가 가장 먼저 떠오르기도 하고 실제 우리가 먹고 있는 다수의 치즈가 우유로 만들어집니다. 그런데 인류가 가장 먼저 가축화한 동물은 의외로 소가 아니었다고 하네요. 사람에게 친화적이고 덩치도 작은 양과 염소가 더 일찍 가축화되었고 이후 소, 물소로 확대되었죠. 그래서 양젖치즈가 가장 오랜 역사를 가지고 있습니다. 지역에 따라서는 순록, 야크, 라마, 낙타, 말의 젖으로 만든 치즈도 볼 수 있으니 혹시라도 여행지에서 이런 특별한 치즈를 만난다면 꼭 한 번 드셔보시기를 추천드립니다.

단일 가축의 젖으로 치즈를 만들기도 하지만 서로 다른 품종의 포도를 섞어 와인을 양조하듯 치즈도 때로는 둘 이상의 가축 젖을 섞어 만들기도 합니다. 염소젖과 양젖을 3:7 비율로 섞어 만든 그리스의 페타Feta치즈처럼요.

치즈 원유 종류

* 소젖치즈: 체다, 그라나 파다노, 고다, 그뤼에르, 에멘탈, 까망베르, 브리 등
* 염소젖치즈: 바농, 발랑세, 크로땡 드 샤비뇰, 쌩뜨 모르 드 뚜렌느 등
* 양젖치즈: 로크포르, 만체고, 페코리노 로마노, 오쏘 이라티 등
* 물소젖치즈: 모짜렐라 디 부팔라 깜빠냐, 프로볼라 디 부팔라 아푸미까떼 등

이탈리아 여행 중 방문한 목장

가장 많이 만들어지는 소젖치즈

평소 우리가 먹는 대다수 치즈가 소의 젖으로 만들어집니다. 그런데 우리는 우유를 짜는 소 하면 어린 시절 우유갑에서 본 이미지 때문에 흑백의 얼룩무늬 젖소만 떠올립니다. 하지만 이 녀석은 홀스타인으로 다양한 젖소 품종 중 하나입니다. 유럽 시골을 여행하면 풀밭 위에서 풀을 뜯는 소 무리를 종종 볼 수 있는데 우리에게 낯선 모습의 소도 많습니다. 눈망울이 큰 저지, 영국 건지섬이 원산지인 건지 외에도 에어셔, 브라운 스위스, 몽벨리아르드, 프렌치 시멘탈 등 품종이 여러 가지입니다.

각 품종마다 주서식지, 우유 특성이 달라 치즈 결과물도 다양하게 얻을 수 있는데 이는 유럽연합의 원산지통제명칭인 PDOProtected Designation of Origin의 한 관리 조건이 되기도 합니다. PDO는 원래 프랑스에서 와인의 품질을 국가가 관리하기 위해 처음 만든 제도인 AOCAppellation d'Origine Contrôlée가 확대된 것으로 이제 꿀, 올리브오일, 육가공품, 치즈에까지 도입되어 널리 사용합니다.

한국은 아직 홀스타인 품종만으로 우유나 치즈를 만들기에 와인으로 치면 까베르네 쇼비뇽Cabernet Sauvignon 포도 품종만 있는 상황과 같아요. 한국 치즈의 다양성 면에서 아쉬움이 남는 지점입니다. 하지만 실망하기에는 아직 일러요. 한국 치즈계의 차세대 주자로 주목받는 작은 체구의 갈색 '저지' 품종의 젖소가 현재 대기 중에 있거든요. 저지유로 만든

치즈 품질을 보증하는 PDO 마크

원산지통제명칭인 PDOProtected Designation of Origin 인증을 받은 치즈는 원유를 얻는 가축의 품종, 생산지, 제조와 숙성방법, 크기와 무게, 기타 고유의 특징을 엄격히 규정해 관리합니다. 일반적으로 아래의 두 조건을 충족한 치즈는 검사를 통해 PDO 마크를 부착할 수 있습니다.

1. 원산지 규정: 모든 생산 단계가 규정된 동일 영역에서 이루어져야 해요. 해당 지역의 고유한 자연적 특징을 고스란히 반영한 치즈의 가치를 중요하게 여기기 때문입니다.

2. 전통 제조법: 전통 노하우가 담긴 정해진 레시피대로 치즈를 만들어야 합니다. 치즈 고유의 맛을 지켜가기 위함인데, PDO 까망베르 치즈의 경우 커드라는 우유 응고 덩어리를 퍼 담는 국자의 지름까지도 규정할 정도입니다.

체다, 까망베르는 여러 나라에서 같은 이름을 쓰는 유사 치즈를 많이 만들어요 하지만 PDO 마크가 부착된 것만이 원래의 지역에서 전통방식으로 만든 것입니다.

각국의 치즈에 대해 더 알고 싶으면 다음 사이트를 활용하세요.
프랑스: www.produits-laitiers-aop.fr
이탈리아: www.afidop.it
스위스: www.cheesesfromswitzerland.com

한국 치즈를 시중에서 만날 그날을 함께 기대해봐도 좋겠습니다.

젖소는 하루 평균 적게는 20L에서 많게는 60L까지 젖을 생산합니다. 가축 중 가장 많은 양으로, 치즈 산업의 규모가 커짐에 따라 염소젖과 양젖으로 만들던 기존의 전통 치즈들도 소젖으로 대체되고 있습니다. 푸릇푸릇 신선한 풀을 뜯는 시기에 짠 소젖은 베타 카로틴으로 인해 노르스름한 색을 띠고 버터나 치즈에도 그러한 색을 고스란히 남깁니다. 반대

치즈의 수율은 10퍼센트

마트에서 구매한 200ml 우유 한 팩이면 약 20g의 슬라이스 치즈 1장을 만들 수 있습니다. 즉 우유로 치즈를 만들면 10분의 1의 양, 10퍼센트로 줄어든다는 말입니다. 물론 치즈 종류에 따라 약간의 차이가 있지만 치즈에서 10퍼센트 수율은 상징적인 의미입니다. 우리가 상식선에서 인정하는 우유의 영양소를 10배로 농축한 식품이 치즈라는 것으로, 치즈의 우수한 영양학적 가치를 설명할 수 있어요. 더불어 우유 가격이 상승하면 치즈의 가격 또한 이에 연동되어 비싸질 수밖에 없는 이유입니다.

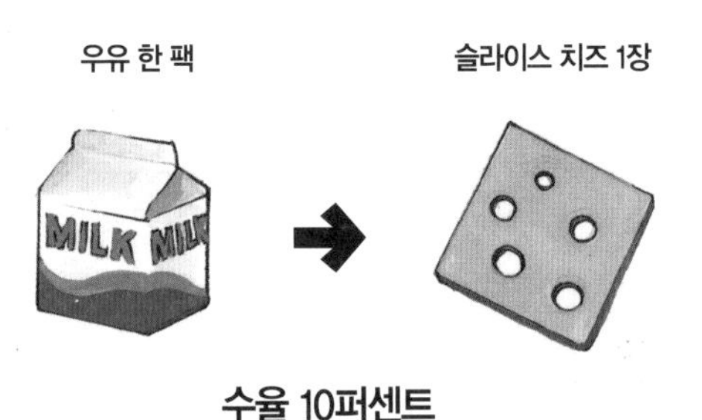

로 겨울같이 풀을 뜯기 힘든 시기라 건초나 사료를 먹은 때의 소젖은 순백색이죠. 색깔뿐 아니라 영양학적으로도 신선한 풀을 먹은 소의 젖을 우수하게 평가합니다. 그래서 같은 치즈라도 생산 시점을 역산해 따져보고 골라 먹는 즐거움을 추가할 수 있답니다.

독특한 풍미로 호불호가 갈리는 염소젖치즈

환경 적응력이 뛰어난 염소는 높은 산지나 바위투성이 척박한 환경에서도 사육이 쉬워 세계 여러 곳에서 키웠습니다. 그런데 우리나라 사람들은 염소라 하면 흔히 흑염소를 떠올리기 쉬운데 이 녀석은 고기를 이용하기 위한 목적의 '육용종'이고 별도로 젖을 이용하기 좋은 '유용종'이 있습니다. 염소도 젖소와 마찬가지로 흰색의 자아넨을 비롯해, 각기 다른 털색을 가진 알파인, 토겐버그 등 다양한 품종이 있어요.

염소젖의 하루 생산량은 3~4L이지만 소젖에 비해 지

상단이 잘린 피라미드 모양의 염소젖치즈 발랑세

방과 단백질 함량이 높아 같은 양의 젖이라도 치즈 결과물이 많습니다. 염소는 소와 달리 제아무리 신선한 풀을 뜯어도 유독 순백색의 젖을 만들고, 그것으로 만든 치즈 또한 순백색입니다. 그래서 블라인드 테이스팅에서 눈으로 먼저 단서를 확인할 수 있죠. 염소젖치즈는 특유의 산미와 허브향, 양고기 같은 맛을 내 어렵지 않게 구분할 수 있습니다. 이러한 특징 때문에 염소젖치즈를 별도로 분류하기도 합니다.

처음 염소젖치즈 감별을 할 때 허브향이라는 말에 공감하기 어려웠는데 허브를 키우며 알았어요. 로즈마리 새순이 올라올 때 손으로 쓸어 향을 맡으면 손끝에 남는 잔향이 염소젖치즈의 향과 비슷하더라고요. 이 때문에 딜, 차이브, 타임 같은 허브를 다져 함께 즐기면 좋아요. 하지만 어떤 분은 염소젖치즈의 향을 누린내라고도 하세요. 결국 치즈 선택은 전적으로 개인 취향의 영역이 되죠.

작고 귀여운 모양의 염소젖치즈

염소젖치즈를 위한 변명

염소젖으로 만든 치즈는 특유의 맛과 향으로 인한 차별성이 도드라집니다. 이 때문에 제조 방법과는 무관하게 별도로 분류를 할 정도입니다. 변별성이 뛰어나다는 것은 개인의 취향에 있어서 호불호가 더욱 명확해진다는 의미이기도 하죠. 정말 좋아하는 사람은 없어서 못 먹고, 싫어하는 사람은 쳐다보지도 않는 치즈로, 달리 말하면 아직 한국 사회에서는 대중성이 다소 떨어집니다.

결국 수요와 공급의 원칙에 따라 현재는 맛의 강도가 비교적 순한 염소젖치즈만 소품목, 소량으로 한국에 수입이 됩니다.

이처럼 한국에서는 다양한 형태의 염소젖치즈를 만나보기 어려운 상황이라 아쉬운데 그래도 우리나라에 들어온 것은 맛의 강도가 그리 세지 않으니 한 번쯤 염소젖치즈에도 도전해보기를 권합니다.

염소젖은 소젖에 비해 다소 응집력이 떨어져 주로 작고 귀여운 모양으로 만듭니다. 프랑스 치즈샵에 가면 유독 앙증맞은 크기의 치즈에 손이 자주 갔는데 알고 보면 독특한 풍미의 염소젖치즈일 경우가 많더라고요. 맛을 보고 놀랄 수도 있으니 치즈샵 방문 전에 공부가 좀 필요합니다.

프랑스에서는 '쉐브르로 시작해서 쉐브르로 끝난다'라는 말이 있습니다. 쉐브르는 염소젖치즈의 통칭으로 태어날 때부터 먹고 나이 들어서까지 즐긴다는 의미예요. 염소젖의 지방구 크기가 작아 소화가 잘되기에 어린아이나 연세가 많은 분의 건강식으로 좋기 때문이죠.

영양가가 농축된 진한 풍미의 양젖치즈

양은 낙농동물 중 젖을 얻는 수유 기간이 가장 짧다고 합니다. 하지만 단백질과 지방 등 유고형분이 풍부해 소젖, 염소젖에 비해 적은 양으로 많은 치즈를 얻는다는 이점이 있어요. 소젖의 수율이 10퍼센트라면 염소젖은 약 15퍼센트, 양젖은 20퍼센트까지 올라갑니다. 고단백, 고지방으로 가장 진하고 영양가가 농축된 치즈를 만들 수 있으며 맛에서도 풍부함을 충분히 느낄 수 있어요.

우리가 지방이 적은 안심 부위와 지방이 많은 삼겹살을 먹을 때 느끼는 차이와 비슷합니다. 삼겹살을 좋아하는 분은 고소하다고 하고, 싫어하시는 분은 느끼하다고 하는 것과 같죠. 그래서 치즈를 고를 때 원유를 따져볼 필요가 있습니다.

영양 성분은 다른 젖에 비해 월등히 높으나 콜레스테롤 함량은 낮고 염소젖처럼 지방구 입자가 작아 소젖치즈보다 소화가 잘됩니다. 염소젖치즈처럼 특유의 향이 강렬한 편은 아니지만, 양젖치즈도 고유의 향이 있어요. 저는 개인적으로 아주아주 희미한 나프탈렌 냄새로 가끔 알아보는데요, 모두가 공감하는 것은

양젖으로 만든 스페인 퀘소 자모라노

아니라서 재미로 알아두면 좋겠습니다.

부드럽고 연약한 질감의 물소젖치즈

제가 물소를 실제로 처음 본 것은 캐나다 치즈 축제에서였습니다. 검은색의 짧고 억센 털을 가진 물소는 마치 덩치가 큰 흑돼지 같았어요. 사육용 물소는 모두 제각(뿔을 없앰)한 상태라 더욱 그렇게 보였나 봅니다. 한국에서는 물소 사육 농가를 본 적이 없어서 더 신기했어요.

저처럼 다수의 분이 물소뿐 아니라 물소젖치즈를 생소해할 것 같은데 기회가 된다면 물소젖치즈도 적극 경험해보면 좋겠습니다.

물소젖은 콜레스테롤 수준은 가장 낮은데 고단백, 고지방으로 소젖에 비해 두 배 이상 고형물질이 많아 치즈 제조 시 수율이 높아요. 시중에서 구매가 가능한 모짜렐라 두 버전을 소젖과 물소젖(모짜렐라 디 부팔라 깜빠냐Mozzarella di Bufala Campana DOP)으로 구분해 드시면 차이를 확연히 느낄 수 있답니다.

지방이 많은 물소젖은 상대적으로 더 부드럽고 연약한 질감을 먼저 확인할 수

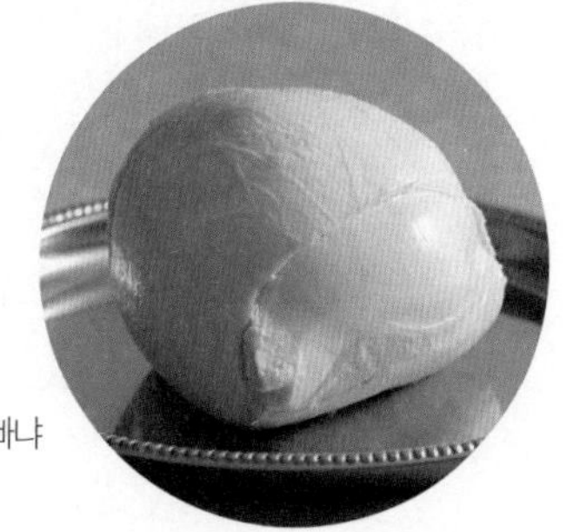

모짜렐라 디 부팔라 깜빠냐

큰 흑돼지 같은 물소

있고, 고소한 맛과 약간의 스모키함까지 느낄 수 있습니다. 지방구 입자가 작고 균일해서 양젖과 염소젖처럼 쉽게 소화가 됩니다.

수유 기간이 길다는 장점에도 물소젖의 하루 생산량은 6L를 넘지 못합니다. 유량이 부족해 소젖을 섞어 치즈를 만들기도 하죠.

우리 아이를 위한 인생 첫 치즈

저는 마흔에 결혼해서 마흔둘에 첫 아이 주원이를 낳았어요. 아이가 이유식을 시작하고 먹을 수 있는 음식이 다양해지면서 언제 어떤 종류의 치즈와 유제품을 먹이면 좋을지 설레는 마음으로 고민을 시작했습니다. 다소 늦은 나이에 낳은 첫 아이라 먹는 것에 더 신경을 썼는지도 모르겠습니다.

보통의 가정에서는 모유나 분유를 줄이는 시기부터 우유를 먹이고 이후 염도가 낮은 시판용 아이 전용 치즈를 사서 먹이는 것 같더라고요. 저는 유제품, 그리고 발효식품의 가치를 잘 알기에 우유에서 공급받을 수 있는 영양소는 다른 음식에서 충당하고 주원이의 첫 유제품 경험은 무가당 요거트로 시작했습니다.

저의 치즈 제조 교육 동기인 인천 강화에 있는 유가공목장 '베따르망'의 조진주 사장님께서 주원이가 이유식을 시작할 무렵 감사하게도 요거트를 보내주셨습니다. 아마도 오래전 아이를 키워본 사모님의 선물이었겠죠? 그렇게 오트밀에 요거트, 계절 과일을 더해 아침 식사 메뉴로 구성했어요.

이후 생모짜렐라와 리코타치즈를 조금씩 맛보여주면서 아이의 반응을 살폈죠.

아이들은 대부분 치즈를 참 좋아해요. 하지만 어린아이에게 치즈를 먹이는 데 있어서 중요한 이슈는 '소금의 양'입니다. 육아 서적에서는 두 돌 전까지 음식에 간을 하지 말고 이후부터는 조금씩 저염의 형태로 적응시키라고 해요. 일반 치즈는 제조 공정상 필요한 소금의 양이 제법 되는 편이라 먹이기 곤란한 경우들이 있지만, 상대적으로 염도가 낮고 맛도 부드러운 생치즈는 어린아이를 위한 첫 치즈로 좋은 선택이 되리라 생각합니다.

무가당 요거트는 우리 아이의 첫 유제품 경험이었습니다.

생치즈인 리코타치즈는 염도가 낮아 좋아요.

chapter 4

제조법을 알면 치즈 지식에 깊이가 생겨요

처음으로 치즈를 만들다

이번에는 치즈 제조법을 살펴보려 합니다. 제조 방식에 따라서도 치즈의 맛이 확 차이가 나니 어떻게 만들었는지 알면 그 치즈의 특징을 파악할 수 있으니까요.

치즈는 그 자체로 이미 쿠킹cooking이 끝난, 완성된 요리이기도 합니다. 그래서 치즈 제조법은 요리로 치면 레시피, 술에서의 양조법에 해당하죠.

제가 처음으로 책에서 치즈 제조법 내용을 읽었던 때가 생각나네요. 솔직히 말해 하나도 머리에 안 들어왔습니다. 용어부터 생소했고 제조 과정의 기본 원리를 알지 못해 너무 어렵고 답답했거든요.

혼자 치즈 공부를 조금씩 해나갔을 때 맞은 가장 큰 난관이 직접 치즈를 만들어보고 싶은데 어떻게 해야 하는지 모르겠다는 거였어요. 당시만 해도 치즈메이커가 되어 작은 공방을 열고 우리나라 사람들에게 다양한 치즈를 맛보이겠다는 포부가 가득했기에 단순한 치즈 만들기 체험이 아닌, 목장에서 원유 살균에서부터 치즈를 만드는 전 과정을 제대로 경험해보고도 싶었습니다.

그래서 또다시 인터넷을 뒤졌지만 본격적으로 치즈 만들기의 전 과정을 경험해볼 기회가 정말 없더라고요. 그러던 중 경기도 여주의 트라움밀크 영덕목장의 정상진 대표님을 찾을 수 있었습니다.

2008년, 대표님께 부탁을 드려서 어렵게 스케줄을 잡았습니다. 당시

눈 내리던 여주 트라움 밀크 영덕목장

회사를 다니고 있었는데 월차를 내고는 부산에서 첫차를 타고 6시간 반을 버스로 달려 여주로 향했습니다. 버스에서 내리고 보니 함박눈이 쏟아져 온 세상이 하얗게 눈으로 뒤덮였더라고요.

목장이 어떤 곳인지도 모르는 부산 아가씨는 나름 멋을 낸다고 화장을 공들여서 하고 높은 굽의 구두를 신고 눈이 잔뜩 쌓인 비포장도로를 발이 얼도록 걸으며 무지한 스스로를 원망했죠.

'구두가 웬말이야….'

그럼에도 그 순간이 너무 우습기도 하고 행복했던 기억이 납니다. 공방에 들어서자마자 갓 뽑은 우유를 살균하는 달큰한 냄새를 가득 맡을 수 있었습니다. 그렇게 정상진 대표님과 만나 우유 살균부터 치즈를 만드는 전 과정을 함께했어요. 그제서야 글로만 읽어왔던 '치즈 만들기'가 온전

2008년 정용삼 선생님(좌)과 정상진 대표님(우)

히 이해되었습니다.

온종일 치즈를 만들고 거의 마무리가 되어갈 때쯤 정상진 대표님의 친구분이 방문을 하셨습니다. 부산에서 여주까지 치즈를 만들러 왔다는 저의 기나긴 여정을 들으시고는 무척 신기해하셨죠. 그렇게 함께 기념사진까지 찍었답니다.

그런데 말이죠, 이날의 인연이 훗날 어떻게 연결되었는지 아세요? 정상진 대표님은 우리나라 치즈메이커 1세대로 《치즈수첩》이라는 책을 쓰신 정호정 저자님의 아버님이세요. 나중에 온 또 다른 분은 독일 치즈 마이스터 정용삼 선생님이셨답니다. 물론 당시에는 이 사실을 전혀 몰랐는데 두고두고 돌이켜봐도 소름이 돋는 일화입니다.

그로부터 8년 뒤 국립축산과학원에서 정용삼 선생님을 다시 만났고

독일 치즈 마이스터 정용삼 선생님과 함께

선생님께 과거 여주 사진을 보여드렸습니다.

"자네, 이때가 몇 년도지?"

사진을 보면서 이렇게 물으셨는데 그러면서 먼저 떠난 친구의 빈자리를 떠올리시는 듯했습니다. 그렇게 선생님과 저는 한참을 2008년에 머물러 있었습니다. 어쩌면 삶은 드라마의 연속인 것 같아요.

2008년의 인연을 시작으로 두 분은 제가 치즈를 향해 나아가는 길에 많은 도움을 주셨습니다. 두고두고 생각해도 감사한 일입니다.

두부 만들기와 비슷한 제조 과정

나름 치즈 공부를 한다고 많은 책과 자료를 찾아보았던 저도 치즈 제조 공정은 머리에 잘 들어오지 않았는데 실제 만들어보니 책 글귀가 다시 제대로 읽히기 시작했어요.

갑자기 그 옛날 임실 사람들에게 치즈 만들기를 알려야 했던 지정환 신부님이 얼마나 막막했을까 떠오릅니다. 하지만 신부님은 임실 사람들에게 친숙한 예를 들어 쉽게 설명했어요. 앞에서도 한 번 말했는데 바로 '치즈는 우유로 만든 두부'라고 하신 거죠.

실제 두부 만드는 방법과 치즈 제조법은 굉장히 닮았습니다. 원재료로 콩 혹은 우유를 사용해 단백질을 응고시켜 결과물을 만들잖아요. 잠깐 두부 만드는 방법을 떠올려볼까요?

두부 만들기

① 좋은 콩을 골라 깨끗하게 씻어 물에 담가 불린다.
② 불린 콩을 맷돌에 곱게 갈아 끓인다.
③ 응고시키기 위해 추가로 간수를 넣는다.
④ 몽글몽글 덩어리가 생기면 틀에 붓는다.
⑤ 수분은 빼고 모양을 잡아 완성한다.

콩의 대두단백 대신 우유는 유단백을 응고시킵니다. 응고제로 두부는 간수를 사용했다면 치즈에서는 렌넷Rennet을 넣습니다. 그러면 두부와 아주 비슷하게 치즈가 완성됩니다. 머릿속에 기본적인 이 내용을 기억하고 있다가 앞으로 설명할 치즈 제조법에 대입시키면 조금은 이해하기가 쉬워질 거예요. 또 집에서 리코타치즈를 만들어보신 분들이라면 더 빨리 고개를 끄덕일 것 같아요.

치즈 제조 과정 9단계

일반적인 치즈 제조 과정은 다음의 9단계를 거칩니다. 하지만 다양한 치즈 종류만큼 제조법도 무수히 변형되기에 어떤 치즈는 특정 과정이 빠지거나 추가되기도 합니다.

치즈 만들기 과정

① 원유 살균
Milk Pasteurization

② 스타터 첨가
Adding Starter

③ 렌넷 첨가
Adding Rennet

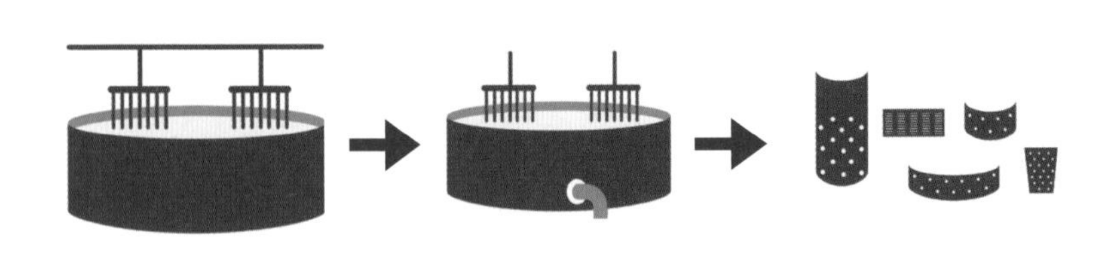

④ 커드 절단
Cutting Curd

⑤ 유청 배출
Draining Whey

⑥ 성형
Moulding

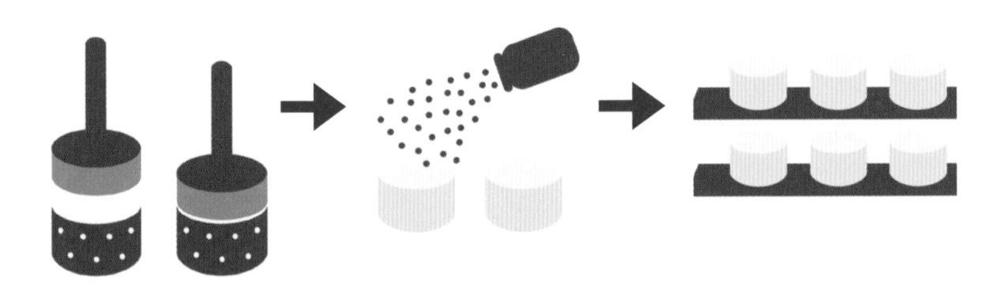

⑦ 압착
Pressing

⑧ 가염
Salting

⑨ 숙성
Ripening

단계 1. 원유 살균

가축에서 방금 짠 젖 온도는 사람의 체온과 비슷합니다. 여기에는 개별 치즈의 고유 특징을 만들어내는 미생물이 그대로 남아 있죠. 전통방식을 고수하는 일부 치즈는 원유 살균 과정을 거치지 않고 만들기도 합니다. 원유 품질에 대한 자신감이라고도 할 수 있죠.

살균하지 않은 원유, 즉 생유 치즈를 고급이라고 하시는 분도 계세요. 하지만 이는 '맛있음'을 담보하는 것이 아닌, 고유의 개성이 잘 드러나기에 가치가 있는 것입니다.

대다수 치즈는 식품 안전과 관리의 효율성을 이유로 살균 과정을 거치며 이 과정에서 유해균을 비롯한 유산균까지 사멸합니다. 그래서 발효식품에 있어서 살균은 빛과 그림자, 양면성의 의미를 가지죠.

원유를 데워서 살균해요.

시중에 판매하는 우유로 치즈를 만들 수 있을까

결론만 말하면 일부 치즈는 가능하고 일부는 불가능합니다. 그 이유는 우유 살균법 때문이에요.

보통 치즈는 살균하지 않은 생유, 또는 63℃/30분 저온살균, 72℃/15초 고온살균을 한 우유로 만듭니다. 하지만 시중에서 판매하는 대부분의 우유는 130℃/2~3초간 초고온순간살균을 해요. 그러면 단백질 구조가 변형되어 치즈 제조 과정에서 중요한 응유효소 렌넷에 의한 단백질 응고 과정에 문제가 생깁니다.

홈메이드 치즈를 만든다면 생유를 확보해야 가장 좋지만 일반인이 생유를 구하기는 어렵기에 그나마 손에 넣을 수 있는 저온살균 우유로 시도해야 합니다.

'선생님, 그렇지만 리코타치즈는 일반 우유로 집에서도 쉽게 만들 수 있는데요.'

이러면서 고개를 갸우뚱거리는 분이 있을 듯한데 이는 렌넷 응고법이 아닌 식초나 레몬, 구연산과 같은 산 응고법, 그리고 추가적으로 열응고법을 이용한 치즈 만들기라 가능한 경우입니다.

우유 살균법

저온장시간살균법	고온단시간살균법	초고온순간살균법
LTLT LOW TEMPERATURE LONG TIME	HTST HIGH TEMPERATURE SHORT TIME	UHT ULTRA HIGH TEMPERATURE
63℃ 30분	72~75℃ 15~20초	130~150℃ 0.5~5초

단계 2. 스타터 첨가

스타터는 치즈 제조 시 목적하는 발효를 위해 사용하는 순수 미생물 배양물로서, 일종의 종균을 의미합니다. 생유 치즈라면 당연히 이 과정이 불필요하지만 일단 살균한 원유에는 발효와 숙성에 관여하는 정제된 형태의 스타터를 첨가해야 합니다.

스타터는 중온균, 고온균으로 분류하며 종류에 따라 최적 생육이 가능한 적정 온도를 유지해주는 것이 중요해요.

다수의 치즈가 제조 레시피를 공개하지만, 스타터 종류나 사용법 부분은 자세한 언급을 회피하기도 합니다. 치즈 맛과 품질에 영향을 미치는 요소는 무척 다양한데 그중 어떤 스타터를 사용하느냐에 따라 치즈의 독특한 풍미가 결정되기 때문이죠.

단계 3. 렌넷 첨가

우유 속 단백질을 응고시키는 데는 열, 산, 렌넷에 의한 세 가지 방법이 있답니다. 이 중 렌넷은 우유를 빠르게 응고시키는 효소로 숙성 기간 중 치즈의 맛과 향, 조직 발달에도 깊숙이 관여합니다. 렌넷을 넣으면 액체 상태인 우유가 아주 약한 푸딩 같은 덩어리 상태가 됩니다. 이를 '커드Curd'라고 하는데 단백질 응고의 첫 시작인 거죠.

참고로 제 주변에는 채식을 하는 분이 몇몇 계세요. 그들 중에 우유는 먹지만 치즈는 먹지 않는 분도 종종 있는데 그 이유는 동물성 렌넷을 '아

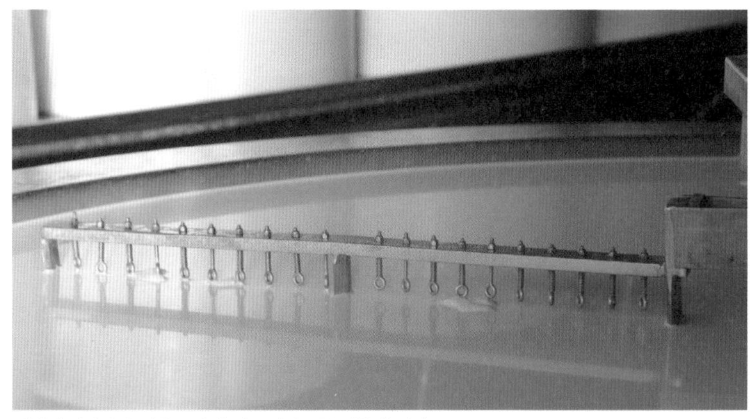

렌넷에 의해 우유가 응고되면 커드 나이프를 이용해 잘라요.

직 젖을 먹는 송아지의 네 번째 위'에서 채취하기 때문이죠. 전통방식을 고수하는 다수의 치즈는 여전히 동물성 렌넷을 사용하고요.

하지만 이제는 화학적 렌넷으로 대체하기도 하고, 구연산과 같은 다른 산 성분을 넣기도 해요. 과거에도 무화과나 엉겅퀴, 민들레 같은 식물의 산 성분을 이용해 치즈를 만들기도 했거든요. 홈메이드 리코타치즈에 레몬즙이나 식초를 넣는 원리와 비슷합니다. 개인의 가치관을 지키면서도 선택적으로 치즈를 드실 수 있어요.

단계 4. 커드 절단

제가 치즈메이커 자격시험의 문제를 내는 출제위원이라면 이 문제는 빠뜨릴 수 없을 것 같아요.

“치즈의 최종 수분 함량과 질감, 저장 기간을 결정하는 가장 중요한 치즈 제조상의 공정을 쓰시오.”

정답은 바로 ‘커드 절단’입니다. 앞에서 커드는 아주 약한 한 덩이 푸딩 상태라 했는데 왜 커드를 절단할까요? 커드 안에 든 수분을 빼기 위해서입니다. 한 덩어리의 커드를 전용 나이프로 절단하는데 크게 자르거나 상대적으로 작게 자르는 경우에 따라 빠지는 수분의 양이 달라집니다.

커드를 크게 자르면 한 덩어리당 머금는 수분의 양이 많아 뭉쳤을 때 말랑한, 그래서 오래 보관할 수 없는 연성치즈가 만들어집니다. 반대로 쌀알 크기처럼 작게 자르면 한 조각의 커드에 든 수분이 적어 뭉쳤을 때 단단한, 오래 보관할 수 있는 반경성 또는 경성치즈가 됩니다.

주의할 것은 간혹 치즈의 최종 상태만 보고 연성과 경성을 분류하는

커드를 작은 알갱이로 자른 상태

분이 있는데, 그러면 틀릴 수도 있다는 점입니다. 치즈 제조상의 레시피를 통해서만 정확히 알 수 있기에 자료를 확인해야 합니다. 따라서 판매하는 분이나 교육하는 입장에서 정확한 정보를 전달하는 것이 중요 포인트이고, 일반인의 접근이 어려운 부분이기도 합니다.

단계 5. 유청 배출

커드를 자르면 잘린 단면을 통해 수분, 즉 유청Whey이 빠져나옵니다. 고기를 굽다 가위로 자르면 그 단면을 통해 육즙이 나오는 것과 비슷한 모습이지요. 치즈를 만드는 과정에서 배출된 부산물인 유청은 보통 버리는데 이는 수질 오염의 원인이 되기도 합니다. 그래서 일부 지역에서는 돼지 먹이로 사용하거나 건조시켜 분말 유청 단백질을 만들어 제과제빵

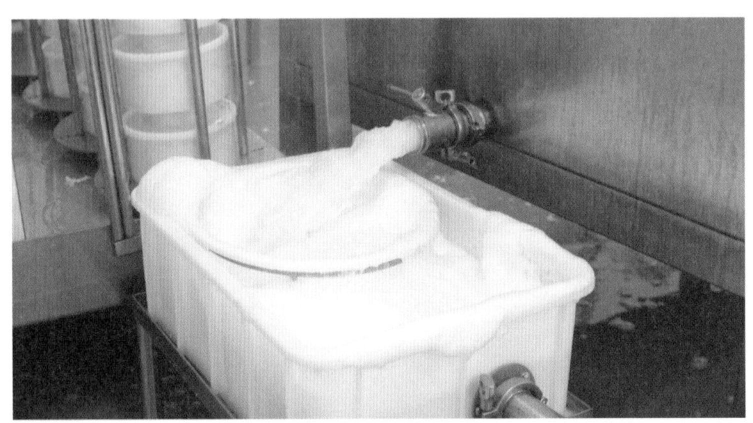

유청만 빼냅니다.

에 쓰기도 합니다. 유청 속에 일부 단백질과 지방이 남아 있기 때문이죠.

때로는 유청을 한 번 더 끓인 후 구연산을 첨가해 또 다른 치즈를 만들기도 합니다. 그 치즈가 바로 리코타입니다.

단계 6. 성형

여행 중 프랑스의 치즈 전문샵에 갔다고 생각해보세요. 원반형, 실린더형, 피라미드형, 하트 모양 등 다양한 모양의 치즈를 볼 수 있습니다.

이는 유청을 빼고 나서 커드를 일정 모양의 틀에 담아 모양을 잡기 때문입니다. 즉 성형틀인 몰드Mould에 따라 우리가 아는 치즈별 고유의 모양이 만들어집니다. 중간에 모양을 다시 잡기도 하지만, 커드 자체의 무게로 추가 수분 배출이 이루어져 모양이 달라지기도 합니다.

치즈 성형틀인 몰드에 넣어 모양을 잡습니다.

단계 7. 압착

두부를 만들 때 수분을 더 많이 빼려고 윗돌을 얹기도 하잖아요. 치즈에서도 같은 원리로 무거운 물체를 올려두거나 프레스기를 이용해 인위적으로 압력을 가해 유청을 빼기도 합니다. 이와 더불어 치즈를 수시로 뒤집어주면 치즈 자체의 무게로 인하여 물리적 압력이 더해져 더욱 단단하고 밀도 높은 치즈를 만들 수 있답니다.

단계 8. 가염

예전에 소금을 넣지 않은 무염 까망베르를 만들어본 일이 있는데, 숙성 후 치즈 맛을 보고 결심했죠.

"무염 치즈로 건강 타령을 하느니, 그냥 소금 들어간 맛있는 치즈를 먹고 빨리 죽겠다."

우스갯소리로 하는 말이지만, 소금이 전혀 들어가지 않은 까망베르는 그야말로 너무 맛이 없었어요. 조금 먹더라도 맛있게 먹겠다는 제 의지의 표현으로 했던 말이랍니다.

미식가분 중에서는 육향을 온전히 즐기고자 고기만 불에 구워 드시는 분이 계시더라고요. 충분히 그럴 수 있다고 공감했어요. 하지만 질 좋은 고기에 적당량의 소금이 더해졌을 때, 그 고기가 얼마나 맛있어지는지 우리 모두 잘 알잖아요. 치즈에서 소금은 일차적으로 맛을 더해주는 역할을 하고 더불어 발효식품인 치즈가 나쁜 균들에 오염되지 않도록 하는 최소한의 방어막 역할도 합니다.

프로마쥬에서 치즈 행사를 할 때는 늘 시식을 함께 진행하는데요, 가끔 나트륨 함량에 예민하신 분들이 치즈의 짠맛에 거부감을 드러내기도 합니다. 그런데 이렇게 생각해보면 어떨까요? 우리도 된장이나 고추장을 맨입에 막 먹지 않잖아요? 요리에 깊은 맛을 더하기 위한 조미료로 사용하거나 간이 심심한 재료들에 더해 먹듯이 치즈 역시 서양에서 비슷한 쓰임을 찾아볼 수 있습니다.

치즈에 소금은 필수요소입니다. 단, 먹는 법과 용량 조절 역시 필수라

소금을 뿌리거나 소금물에 담가 맛을 더합니다.

고 말씀드리고 싶어요.

단계 9. 숙성

만든 후 신선한 상태에서 바로 먹는 치즈가 '생치즈'라면, 일정 기간 발효 미생물의 힘을 빌려 추가적인 맛과 향을 끌어내는 과정을 거친 경우를 숙성치즈라고 부릅니다. 치즈 종류마다 숙성 조건이 다르지만, 보통 저온 다습한 환경에서 치즈 내부가 균일하게 수분을 머금도록 정기적으로 뒤집어주는 반전의 과정을 거칩니다. 또 치즈를 보호하는 역할을 하는 껍질, 즉 외피를 닦거나 씻어주면서 숙성하는 치즈도 있죠.

치즈 숙성 시 온도, 습도, 숙성 기간과 같은 조건에 따라 각기 다른 색, 맛과 향, 조직감을 형성합니다.

치즈는 숙성을 통해 새롭게 태어납니다.

이제 치즈 제조 과정을 다 설명드렸습니다. 클래스를 진행할 때마다 강사로서 전달력을 높이기 위해 이 부분을 설명할 때는 경험담도 많이 들려드리고 때로는 특유의 부산 사투리를 더 사용하거나 큰 몸짓과 과한 표현들을 쓰기도 합니다. 그도 그럴 것이 이 부분이 가장 복잡해 보이는 내용이기 때문이에요.

다시 한번 말씀드리지만 모든 내용을 완벽하게 알아야 한다고 강박을 느끼실 필요는 없습니다. 우리는 치즈를 잘 즐기기 위해 공부하는 것입니다. 그러니 다음 장에 나오는 여덟 가지 치즈 분류만 알아두셔도 충분합니다.

치즈의 숙성 기간과 가격

장기 숙성형 치즈의 경우 숙성 기간과 비례해 가격이 비싸집니다. 당연하죠, 숙성 기간 동안 숙성실을 차지하고 있고, 정기적으로 치즈를 뒤집어 주거나 소금물로 닦는 등의 추가 공정이 필요하기에 인건비가 더 들기 때문입니다. 동시에 기간이 오래될수록 수분 감소로 인해 치즈 중량이 줄어들어요. 치즈는 무게로 가격이 매겨지니 이 또한 반영되는 것입니다.

하지만 생치즈나 연성치즈처럼 상대적으로 숙성 기간이 짧은 치즈는 가격이 비싸지지 않습니다. 간혹 개인의 기호도에 따라 연성치즈의 숙성 시점을 선택적으로 결정하는 경우는 있지만 기간이 지나면 오히려 최고로 맛있는 상태를 놓친 상황으로 인식되기에 할인 판매의 대상이 되기도 합니다.

탄성을 자아내는
100퍼센트 리얼 치즈케이크

초보자도 쉽게 만들 수 있는 치즈케이크부터 전문가 포스가 강하게 나는 겹겹히 쌓아올린 삼단 치즈케이크까지, 맛과 멋을 잡은 진짜 치즈케이크를 한 번 둘러볼까요?

1. 상큼 그 자체, 까망베르

사실 까망베르에 촛불 하나만 꽂아도 아주 쉽게 색다른 케이크를 완성할 수 있습니다. 여기에 색감이 예쁜 계절 과일과 허브로 장식하면 금상첨화예요. 사진은 허브와 사과로 멋을 더했습니다.

2. 대체불가 순백의 자태, 생 앙드레

새하얀 흰 곰팡이로 뒤덮인 보송보송한 윗면을 자랑하는 생 앙드레 치즈는 크림이 세 배가 함유된 트리플 크림치즈로 더욱 디저트스러운 풍미를 자랑합니다.
풍부한 지방은 라즈베리의 산미와 잘 어울려서 라즈베리잼이나 콩포트Compote를 더해 많이 즐기는데요, 대체불가 치즈계의 최고 디저트라고 할 수 있어요. 이 치즈는 실제로도 케이크 대용으로 많이 쓰입니다.

3. 불쇼도 가능한 랑그르

지인의 생일에 초대되었다면 호스트가 제게 원하는 건 뭘까요? 당연히 제 손에 들린 치즈겠죠? 그럴 때면 저는 한 손에 랑그르, 다른 한 손에는 샴페인을 들고 갑니다. 랑그르 치즈를 생산하는 지역인 상파뉴는 샴페인도 유명하죠. 푸드 페어링을 할 때 가장 기본은 원산지를 일치시켜 먹는 건데, 어쩌면 실제 어울림보다 스토리에 더 치중한 페어링일 수도 있다고 생각합니다. 치즈의 상단 움푹 파인 퐁텐이라는 부분에 샴페인을 부어서 적셔 먹거나, 여기에 높은 도수의 술을 부어 친구를 위해 불쇼를 해주기도 한답니다.

4. 독특한 모습으로 멋스러운 발랑세

염소젖으로 만든 발랑세치즈는 검은색의 잿가루를 묻힌 독특한 외관이 유명합니다. 게다가 위가 잘린 피라미드 모양이라 특유의 멋이 있어요. 발랑세치즈를 꽃으로 장식하면 센스 만점 케이크라고 칭찬을 받을 거예요. 물론 염소젖치즈이니 모인 사람들의 치즈 경험도를 고려해야 해요.

5. 브리, 까망베르, 생 앙드레로 만든 웨딩 화보 치즈케이크

프로마쥬 창업 초기, 저와 함께 오만가지 고생을 다 겪으며 일했던 동료가 있었습니다. 그녀의 웨딩 화보 촬영날, 저는 치즈케이크를 준비해 갔어요. 브리, 까망베르, 생 앙드레치즈를 쌓아 완성했죠. 제 웨딩 화보를 찍

5

6

는 날에도 만들고 싶었는데, 너무 정신 없어서 꿈도 못 꿀 일이었답니다.

6. 과일과 허브로 색감까지 화려한 웨딩 피로연 치즈케이크

가족, 친지, 직장 동료를 모두 모신 엄숙한 결혼식 뒤, 친구들만을 위한 웨딩 피로연 자리에 초대되었어요. 제가 정말 좋아하는 분의 결혼식이었기에 100퍼센트 리얼 치즈케이크를 만들어 현장에서 서비스까지 했답니다. 배달 피자와 치킨이 있었던 캐주얼한 자리였지만, 치즈케이크는 당당했어요. 피로연이 끝나고 남은 치즈는 작은 박스에 넣어 답례품으로 드리자 다들 너무 좋아하셨습니다.

7~8. 행사장 치즈 케이크

치즈로 이렇게 치즈케이크를 만들 수 있다! 이걸 보여드리고 싶었어요. 외국에서는 큰 덩어리의 치즈 휠을 쉽고 다양하게 구할 수 있어서 특별한 날에 준비하거든요. 하지만 한국에서는 수입이 잘 안 되어 모르시는 분이 대부분이랍니다. 그래도 저는 치즈 축제나 팝업 행사장에 가끔 화려하게 100퍼센트 리얼 치즈케이크를 만들어 전시합니다. 그러면 다수의 방문객이 이렇게 물어보세요.

"이거 진짜예요?"

즉석에서 잘라 먹을 수 있는 진짜랍니다.

7

8

2022년 당시, 소분 판매가 안 되어 국내에서는 보기 힘들었던 대형 치즈 휠입니다. 서류 작업에서 통관까지 오래 기다렸던 40kg짜리 꽁떼 휠이에요. 사진에서는 환하게 웃고 있지만 무게에 짓눌려 힘들어 죽는 줄 알았습니다. 그래도 저에게는 이게 진짜 치즈케이크네요. (치즈아재 @cheese_aze 님과 함께)

chapter 5

이것만 알면 전문가,
치즈 8분류

규정도 용어도 다양한 치즈 분류의 세계

원유의 종류와 제조 과정에 따라 수많은 치즈는 크게 여덟 종류로 분류할 수 있어요. 사실, 이 분류만 알아도 치즈에 대해 60퍼센트 이상은 파악한 거랍니다. 분류 표에 따라 치즈 지식을 정리하면 치즈 관련 대화에서 거의 대부분 알아듣고 아무 지장 없이 치즈를 맛있게 먹을 수 있으니까요.

그런데 이번 치즈 클래스에서 안내해드리는 '치즈 8분류'를 정리하기까지 저는 굉장히 오랜 시간 고민을 했답니다. 치즈를 분류하는 개념이나 이론은 비슷하나 전문가에 따라, 또 자료에 따라 조금씩 다르게 규정하거나 용어가 통일되어 있지 않기 때문이에요.

가령 제가 '흰색외피연성치즈'라고 정의하는 분류는 일부에서 '흰곰팡이연질치즈'라고도 하거든요. 여기에 한글, 한자, 영어, 프랑스어 등 언어에 따라서도 차이가 납니다. 결국 치즈 업계를 두루 살피고 전문가와 대화하면서 수차례 수정 과정을 거쳐 치즈 8분류표를 완성했습니다.

단, 먼저 세상 모든 치즈를 이 분류로 구분하는 것은 불가능하다는 사실을 인정하고 고백해야겠네요. 통계에서도 '평균'이라는 단어로 대푯값을 말하지만 이 때문에 가끔 왜곡되거나 빠지는 것이 생기잖아요. 우리가 혈액형이나 MBTI만으로 사람의 다양한 기질을 모두 표현할 수 없는 것과도 비슷해요. 어떤 분야의 공부를 깊이 하다 보면 항상 등장하는 예외 조항은 별표 치며 별도로 공부해야 하죠. 어쩌면 하나같이 개성 있는 치즈들을 일정한 기준으로 줄을 세운다는 것 자체가 처음부터 불가능한 일이지 않았을까 하는 생각도 드네요.

수차례 수정을 거쳐 나온 프로마쥬 치즈 8분류

치즈 8분류를 기억해두면, 낯선 치즈를 마주해도 대략의 맛과 향, 그리고 어떻게 먹으면 좋을지를 어느 정도 머릿속으로 그려볼 수 있어요. 당연히 취향과 사용 목적에 맞는 적절한 치즈를 구매할 성공확률을 높여 치즈 매대 앞에서 고민하는 시간도 줄여주죠.

프로마쥬 치즈 분류표

① 생치즈
② 흰색외피연성치즈
③ 세척외피연성치즈
④ 반경성/비가열압착치즈
⑤ 경성/가열압착치즈
⑥ 푸른곰팡이/블루치즈
⑦ 염소젖치즈
⑧ 가공치즈

이제 분류 치즈 각각의 특징을 알아볼게요.

1. 만들어서 바로 먹는 생치즈

수강생분에게 좋아하는 치즈 이름을 물어보면 대다수가 생치즈를 말씀하세요. 치즈를 먹어본 경험이 많지 않아도 편하게 먹을 수 있고, 좋아할 만한 치즈여서일 거예요. 생치즈는 치즈 제조 시 짧게 숙성하거나, 또는 별도의 숙성 과정을 거치지 않고 바로 먹어요. 입안에 넣으면 약간의 산미와 함께 우유의 신선함을 그대로 느낄 수 있습니다. 전체적으로 부드럽고 향도 순해서 부담 없이 즐길 수 있답니다.

생치즈는 대부분 치즈 성형틀(몰드)에 넣어 원형 또는 블록 모양으로 가볍게 형태를 잡거나 뚜렷한 형태 없이 용기에 담아 유통됩니다. 치즈가 수분을 잔뜩 머금고 있어서 쉽게 상하기에 유통기한이 짧아요. 날짜를 잘 확인해서 사고 가급적 빨리 먹는 것이 좋습니다.

두부처럼 담백한 맛의 리코타치즈

2. 하얀 곰팡이꽃이 핀 흰색외피연성치즈

치즈 겉면(외피)을 흰색의 보송보송한 곰팡이가 뒤덮은 경우 흰색외피라는 이름을 붙여요. 잠깐 다시 치즈 만드는 과정으로 돌아가 볼게요. 두부처럼 치즈 모양을 잡고 일정 온도와 습도에서 치즈 숙성을 시작합니다. 초반에는 특별한 변화가 없지만 일주일 정도 지나면 치즈 표면에서 조금씩 솜털이 생기려는 기미가 보이고 10일 정도가 지나면 아주 드라마틱하게 치즈 전체에 보송보송한 흰 곰팡이가 목화솜처럼 덮인 것을 확인할 수 있어요.

솜털 같은 흰 곰팡이

그 순간 '아, 치즈는 정말 살아 숨 쉬는 생명체구나!'를 느낄 수 있답니다. 그렇게 피어난 흰 곰팡이는 마치 첫눈이 내려 쌓인 것처럼 보이기도 하고, 솜사탕의 푹신한 모습을 닮아 있기도 합니다.

이 곰팡이는 페니실리움 칸디듐Penicillium Candidum이라는 균으로 숙성 기간이 짧게는 열흘에서 2~3주 정도 소요되며 치즈에 따라 4~5주, 혹은 그 이상이 걸리기도 합니다. 완성된 외피에서는 버섯향이 지배적으로 나고 이끼, 효모, 젖은 흙냄새를 맡을 수도 있어요.

치즈를 잘라 보면 내부는 흰색 또는 아이보리색에 부드러운 질감입니다. 상온에 두면 연한 크림 상태로 변하면서 진한 우유맛과 버터맛이 납니다. 때로는 매운 무의 알싸한 맛도 느낄 수 있고요. 우리가 제품으로 구매할 때는 종이(치즈 페이퍼)로 포장하는 과정에서 곰팡이가 눌려 편평한 흰색의 껍질로만 확인이 가능합니다.

앞에서 여러 번 설명했기에 연성치즈라는 의미는 아시겠죠? 치즈 제조 과정 중 네 번째, 커드 절단과 관련되어 있는데 커드를 크게 자르거나 혹은 자르지 않고 국자로 퍼 담아 만들면 연성치즈라고 합니다. 단단한 치즈들에 비해 수분 함량이 많아 말랑하며 적당히 반발이 있고 부드러운 식감을 가져요.

3. 외피를 닦아 만드는 세척외피연성치즈

흰색외피연성치즈와 제조 과정이 비슷하지만 확연하게 다른 점은 이름에서도 확인할 수 있듯이 숙성 과정 중에 외피를 무언가로 세척하는(닦는) 거예요. 보통 소금물로 닦는데, 경우에 따라서는 맥주나 와인, 증류주 같은 술도 써요.

코냑이나 위스키 같은 증류주, 바롤로Barolo 와인 등은 기본적으로 술 자체의 가격이 비싼 편이죠? 그럼 이런 술들로 치즈를 닦으면 치즈 가격이 어떻게 될까요? 맞아요, 조금 더 비싸지는 경향이 있습니다. 그래서 간혹 치즈에 쓰인 술의 종류만을 보고 좋고 나쁨을 논하는 분도 계십니다. 이 때문에 저희는 우스갯소리로 세척외피연성치즈 부류를 '치즈계의 허세'라고 소개하기도 한답니다.

프랑스를 대표하는 세척외피연성치즈로 유명한 에뿌아쓰Epoisses는 부르고뉴 지역의 레드와인을 만들고 남은 포도 찌꺼기를 증류한 마르 드 부르고뉴Marc de Bourgogne 술로 외피를 닦습니다. 시메이Chimay 맥주로 외피를 닦거나 바롤로 와인에 담가 숙성시키기는 치즈도 있어요. 이처럼 치즈를 만드는, 혹은 숙성 과정 중에 알코올이 개입되는 치즈들을 드렁큰 치즈(술에 취한 치즈)로 별도 구분하기도 합니다. 재미있는 표현이죠.

어떤 재료로 치즈의 외피를 관리했는지 궁금하다면 제품 구입 시 백라벨(한글표시사항)의 원재료명에서 소금, 안나토 색소(오렌지색 천연 색소), 마르(마르 드 부르고뉴) 등과 같은 표현을 통해 단서를 얻을 수 있으니 참고하면 좋을 것 같아요.

다양한 드렁큰치즈

외피를 닦는 재료와 횟수에 따라 순백색의 두부 같았던 치즈는 점차 노란색→주황색→갈색으로까지 색 변화 과정을 겪고 표면에서는 약간의 점성과 함께 미끌거림이 생겨요. 냄새를 맡았을 때 암모니아향이나 심지어 상한 듯한 음식 냄새, 외양간 냄새로 표현되는 향이 나고 일부에서는 '신의 발 냄새' 또는 '돼지 발가락 사이의 냄새' 등 우리 몸에서 나는 고약한 체취에 비유하기도 한답니다.

하지만 르 브랭Le brin치즈에서는 가끔 포장지를 열었을 때 연한 꽃향기를 맡을 수도 있어요. 물론 '꽃향기라니' 하며 동의하기 어렵다고 하는 분도 있지만 섬세한 향들을 계속해서 좇다보면 느낄 날도 오겠죠?

치즈 속을 들여다볼까요? 아이보리색에 부드러운 질감과 구수한 듯 밀키한 맛이 반전 있는 외강내유형 치즈입니다. 육향을 느낄 수 있어 천주교의 부활절 전까지 40일 동안 기도하며 육류 섭취를 절제하던 사순절Lent에 이러한 치즈를 고기 대신 식탁에 올리기도 했답니다.

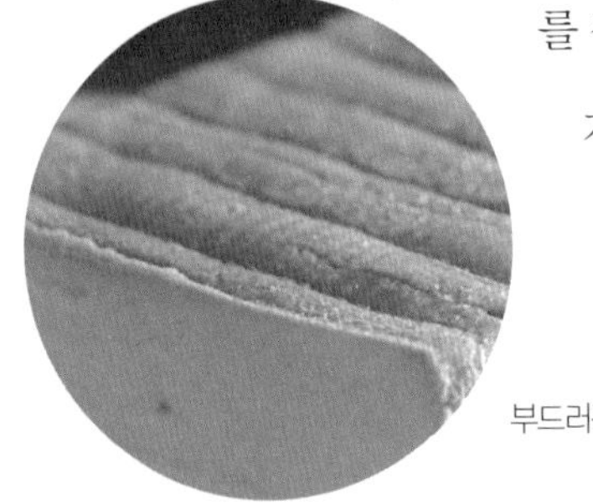

부드러운 속살을 감싼 '오렌지색' 외피, 마루왈치즈

4. 열에 잘 녹는 반경성치즈(비가열압착치즈)

반경성치즈는 눌렀을 때 반발력이 있고, 살짝 휘어보면 약간의 탄성을 보여요. 주로 슬라이스해서 샌드위치에 많이 이용하고 열에 잘 녹아 소스를 만들 때나 오븐을 활용한 요리에 사용하기도 좋답니다. 부드러운 버터향이나 살짝 달콤한 우유향, 가벼운 견과류맛을 느낄 수 있어요.

반경성치즈를 만들려면 응고시킨 커드를 작게 일정한 크기로 잘라야 합니다. 앞에서도 말했지만 자른 커드의 크기는 치즈의 수분 함량과 관계가 깊어요. 작게 많이 자를수록 잘린 단면을 통해 수분인 유청이 많이 빠져나가기에 수분 함량이 줄어들죠. 수분 함량이 적을수록 단단한 치즈가 되고 그만큼 보존 가능 기간도 길어집니다.

이러한 원리로 반경성, 경성치즈는 커드를 연성치즈보다 작게 자릅니다. 그런데 오랜 기간 잘 숙성시킨 반경성치즈는 마치 더 단단한 경성치즈로 오인되기도 해요. 숙성 기간에도 수분이 계속 빠지기 때문이죠. 그래서 치즈는 최종 결과물이 아니라 제조상의 레시피로만 분류가 가능하다고 말하는 거예요. 일반 소비자가 치즈만 보고는 구분하기 어려운 부분입니다.

반경성치즈는 단단하면서도 탄성이 있어요.

치즈의 외피(껍질)는 먹어도 되나요

결론부터 말하자면, '연성치즈는 먹는다' 단단한 '반경성, 경성치즈는 먹지 않는다'입니다. 단 언제나 그렇듯이 예외가 있습니다.
치즈 겉면에 형성된 껍질인 외피는 치즈를 보호하는 막 역할을 합니다. 그중 연성치즈의 외피는 취향에 따라 먹는 걸 선택할 수 있어요. 숙성 기간 동안 자연적으로 형성되는 반경성, 경성치즈의 외피는 건조하고 단단하며 거칠어져서 먹지 않는 것이 맞습니다. 에담Edam이나 고다와 같은 치즈는 자연 외피 대신 왁스나 파라핀이 코팅되어 있는데, 이 또한 벗겨내야 합니다.
다만 반경성/경성치즈 중에서도 술, 향신료, 허브, 기타 첨가제로 도포한, 상대적으로 숙성 기간이 짧은 치즈는 경우에 따라 외피를 함께 즐기기도 하니 개별 치즈 먹는 법을 알고 구매할 필요가 있습니다.
요즘에는 치즈 전문 온라인 구매 사이트에 관련 정보가 상세히 소개되니 새로운 치즈에 도전한다면 꼭 한 번 살펴보세요.

치즈	외피 유무	취식 가능
생치즈	X	Yes
흰색외피연성치즈	O	Yes
세척외피연성치즈	O	Yes
반경성치즈	O	No
경성치즈	O	No
푸른곰팡이/블루치즈	O	Yes

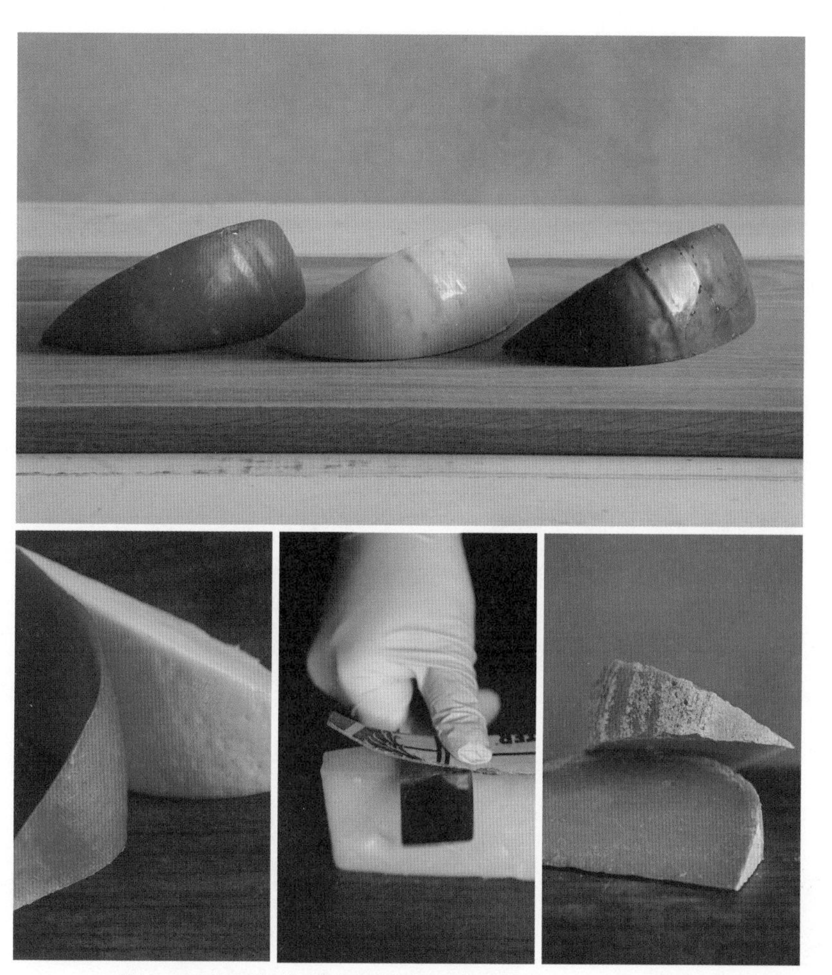

왁스로 코팅된 외피는 벗겨내거나 잘라내고 먹어야 하고
너무 단단하고 건조한 외피도 먹지 않는 것이 맞습니다.

5. 수분 함량이 가장 적은 경성치즈(가열압착치즈)

반경성치즈 제조 과정과 유사하지만 다른 점은 커드를 아주 작은 크기로 잘라 유청이 더 많이 빠지도록 한다는 거예요. 여기에 추가로 열을 가해 그나마 남은 수분까지 배출시키고 압착까지 하기에 수분 함량이 최소가 됩니다. 반경성을 Uncooked pressed라 하는 것에 대응해 경성을 Cooked pressed라고도 표현해요.

수분 함량이 적어 장기간 보관이 가능하기에 숙성을 짧게는 수개월, 길게는 수년 이상도 시킵니다. 그래서 고립된 상태로 긴 시간을 버텨내야 했던 산악지대에서 주로 만들어와 '마운틴치즈Mountain cheese'라고도 하죠. 경성치즈 다수가 크기가 크고 무거워서 여러 목장의 원유를 모아 다 함께 치즈를 만드는 공동체, 즉 조합 형태의 길드guild를 찾아볼 수 있습니다.

산 성분으로 응고시키면 커드 응집력이 다소 떨어지기에 경성치즈 다수가 응고제로 렌넷을 사용합니다. 잘 숙성된 경성치즈에서는 싱그러운 과일과 향긋한 꽃향기가 나고 로스팅한 견과류맛이나 장류의 감칠맛까지 다양하게 느낄 수 있는데 이

꽁떼치즈, 밀도 높은 단단함을 보여줍니다.

모든 것이 발효의 선물인 거죠.

아, 그리고 또 하나 중요한 점! 치즈는 숙성 기간에 비례해 짠맛도 강해지기에 용도에 맞게 사용하면서 필히 염도 조절을 고려하셔야 합니다.

6. 톡 쏘는 매운맛과 향 푸른곰팡이치즈(블루치즈)

프로마쥬의 치즈 클래스에서는 모든 과정에서 빠짐없이 치즈 시식을 해요. 대부분 다섯에서 여덟 가지 치즈를 테이스팅하는데, 시식 순서는 치즈맛 강도에 따라 약한 것부터 강한 순으로 배치합니다. 이때 블루치즈는 무조건 맨 끝에 놓는 게 답입니다. 치즈 자체의 맛과 향이 무척 강해 처음부터 블루치즈를 먹게 하면 수강생들이 어떤 표정을 지을지 눈앞에 빤히 보이거든요. 첫 시도의 결과가 긍정적이어야 그다음 기회도 생기니 서서히 치즈 경험의 강도를 올려가는 게 좋아요.

Blue vein이라는 표현에서도 알 수 있듯이 블루치즈 내부에는 마치 혈관과도 같은 청색 또는 회색의 푸르스름한 곰팡이가 불규칙하게 피어나 있어요. 다시 치즈 제조 과정으

바늘 길을 따라 피어오른 푸른곰팡이

로 돌아가 볼게요. 모양을 완성시킨 블루치즈에는 이미 페니실리움 로크포르티Penicillium roqueforti라는 푸른곰팡이균이 들어가 있습니다. 성형 마지막 단계에서 얇고 긴 바늘을 이용해 치즈에 수직으로 여러 곳에 구멍을 냅니다. 치즈 내부에 생긴 바늘 길을 따라 공기 중의 산소와 만난 호기성(산소를 좋아함) 푸른곰팡이는 우리 눈에 뚜렷하게 보이는 곰팡이를 한껏 피웁니다.

블루치즈는 수분감이 많고 짠맛과 감칠맛 농도가 짙으며 날카롭고 예리하게 톡 쏘는 매운맛과 향이 특징이에요. 치즈 플레이트 구성에서 결코 빠질 수 없는 개성 강한 치즈이며, 각종 소스 요리에 첨가하면 음식의 맛을 깊고 풍부하게 만듭니다. 적은 양을 사용해도 특유의 맛을 충분히 살려낼 정도로 강한 치즈입니다.

7. 특유의 맛과 향을 가진 염소젖치즈

앞서 설명드린 여섯 가지가 제조법에 따른 분류였다면, 염소젖치즈는 재료에 따른 분류, 즉 염소젖으로 만든 치즈라는 이유

마니아들이 즐기는 밤나무 잎으로 감싼 염소젖치즈 바농

만으로 별도로 분류한다고 할 수 있어요. 특유의 맛과 향 때문인데요, 자세한 내용은 '3장 치즈는 무엇으로 만들까요'에서 염소젖 내용을 참고하세요.

8. 남아도는 치즈를 처리하기 위해 만들었던 가공치즈

앞에서도 잠깐 설명했지만 치즈는 크게 두 종류로 구분한다면 자연치즈와 가공치즈로 나뉩니다. 기준이 뭘까요? 답은 간단한데요, 바로 미생물의 생존 여부입니다.

엄마가 갓 담근 생김치는 시간이 지남에 따라 조금씩 익어가고 마지막에는 묵은지로까지 변하죠. 미생물에 의한 발효 과정을 거치면서 달라지는 모습이에요. 자연치즈도 이와 같아요. 그런데 김치가 너무 시어 먹기 힘들어지면 볶은 김치를 만들기도 하죠? 볶는 과정에서 고온에 노출되면 좋든 나쁘든 모든 균이 죽고 한결 먹기 편한 맛이 돼요. 이 상태를 가공치즈라고 한다면 조금 이해가 쉬워질까요?

저는 김치에 빗대어 설명했지만, 실제 가공치즈는 몇 가지 자연치즈를 기본 재료로 하고 추가로 맛과 향을 내는 첨가제와 유화제 등을 목적에 따라 넣어요. 그런 다음 핵심은 고온에 노출시킨다는 겁니다. 최종적으로 우리가 일상에서 자주 보는 형태로 모양을 잡아 포장해 유통시키죠.

가공치즈는 대중이 선호하는 편안한 맛, 상대적으로 저렴한 가격, 제법 긴 소비기간으로 이용하기 편해요. 가공치즈를 자연치즈에 비해 나쁜 치즈라고 말하는 사람이 종종 있지만 이 둘은 그냥 다른 성격의 치즈라고 생각해주세요. 각각의 사용 목적과 상황에 따라 선택하는 거죠.

가공치즈는 원래 스위스 전통음식인 치즈 퐁듀에서 아이디어를 얻었다고 해요. 퐁듀는 따뜻하게 데운 와인에 먹다 남은 치즈들을 녹여 딱딱해진 빵을 적셔 먹던 스위스의 배고픈 시절 음식이에요. 오래된 치즈를 버리지 않고 알뜰하게 다 먹기 위해 고안해낸 방법이죠.

본격적인 가공치즈는 1910년 스위스에서 최초로 개발되었고 이후 독일을 거쳐 미국으로 건너가서 상업적으로 눈부신 발전을 했답니다.

자연치즈인 생 따귀르 치즈를 스프레드로 만든 가공치즈 생 따귀르 크림치즈는 저희 프로마쥬 샵에서 가공치즈 중에서는 처음 판매를 결심했어요. 너무 맛있거든요!

국내에 수입이 안 되는 치즈

해외 여행지에서 우연히 만난 치즈샵에는 모양이 색다른 치즈들, 큰 덩어리의 치즈들, 작고 앙증맞은 치즈까지 이렇게나 많은 종류가 있었나 싶을 정도로 다양한 형태의 치즈를 볼 수 있습니다. 그런데 왜 한국에서는 아직도 만나볼 수 있는 치즈가 그다지 많지 않은 걸까요?

첫째, 아직은 한국의 식문화에서 치즈가 차지하는 중요도와 수용성이 떨어지기 때문입니다. 치즈 애호가가 늘고 있지만 그런 분들조차 알고 있는 치즈가 열 종류 내에서 끝나는 경우가 많습니다. 수요가 적으면 공급 측면에서도 소극적일 수밖에 없죠.

둘째, 법적인 제약이 생각보다 많아요. 특정 치즈의 경우는 원유 살균 유무와 숙성 기간, 첨가물의 종류에 따라 국내법상 수입이 제한됩니다. 식품에 대한 이해도가 떨어져서일 수도 있고, 식품 안전에 대한 과도한 방어적인 자세가 이유일 수도 있어요. 이미 다른 나라에서는 문제 없이 제조와 유통이 허용되는 사례들을 보면 때로는 답답한 마음이 듭니다. 가끔은 이러한 법의 기준이 서운할 때도 있지만, 관리 당국에서도 나름의 이유가 있을 듯해요. 얼마가 걸릴지는 모르지만 시간이 흐르면 이러한 상황도 점차 나아질 거라고 믿습니다.

프로마제 자격증은 어떻게 따나요?

소믈리에 자격증, 바리스타 자격증 같은 전문 자격증을 치즈 파트에서는 아직 찾아보기가 어렵습니다. 아마도 관련 직업에 대한 인식 부족과 관련 산업의 크기, 영향력에 따른 수요 부족에 그 이유가 있을 것 같아요. 그래서 체계적인 교육기관과 교재 등을 찾는 것 역시 어렵습니다.

제조와 관리 부문의 경우 일반인을 위한 단기, 혹은 치즈메이커를 위한 중장기 프로그램이 아주 가끔 있지만 대부분은 치즈 장인에게서 개별적으로 사사받습니다. 그나마 서비스 파트로 가면 좀 더 다양한 교육과 자격증 형태들을 볼 수 있어요.

저의 경우, 치즈 제조 과정은 국립순천대학교에서 교육을 수료하고 관련 자격을 취득하였지만 현재 이 교육은 중단된 상태입니다. 제가 현재 하는 일과 밀접하게 관련 있는 서비스 파트는 공신력 있는 프로마제 자격증 과정을 운영하는 단체로 일본치즈아트프로마제협회Cheese Art Fromager Association of Japan(CAFAJ)가 있습니다. 와인 소믈리에 양성 교육 과정에 비유할 수 있는데, 치즈 기본 이론과 함께 보관과 컷팅&플레이팅 기술, 현장 서비스까지 포괄적으로 교육하고 프로마제 자격증을 수여합니다.

저는 2017년 1월에 이 단체의 교육을 받고 자격을 취득했습니다. 당시 모든 교육이 일본 현지에서 일본어로만 진행되었기에 통역 선생님과 함께 수차례 일본을 오가면서 일대일 개인 레슨을 받아야 했습니다. 덕분에 우리나라보다 큰 일본 치즈 시장도 파악할 수 있었네요.

이 교육을 받고 남은 가장 의미 있는 유산이라고 하면 한국에도 소개된 《올 어바웃 치즈》의 저자 무라세 미유키, 협회장 토시 하루 두 분의 선생님을 만나 좋은 인연을 지금까지 이어오고 있는 점입니다. 두 분 덕분에 2년 뒤인 2019년에는 한국인으로서는 최초로 프랑스 치즈 대회(230p 참고)에 참가할 용기도 낼 수 있었습니다.

일본의 두 분 선생님은 한국에서 보다 많은 프로마제가 양성되기를 바라며 한국에 최초로 일본치즈아트프로마제협회의 라이선스를 허가해 주셨습니다. 2018년에 한국치즈아트프로마제협회가 창설되었으며 정식 교육은 곧 시작할 예정입니다.

자격 배지

일본 선생님 두 분과 함께

chapter 6

일상에서 치즈 즐기기,
구매에서 맛보기와 보관까지

치즈 초보자라면 순서를 지켜 먹어보자

치즈를 한 차원 높게 즐기려면 낯선 치즈에도 과감히 손을 뻗는 모험심이 필요합니다. 이때 자칫 기대에 어긋나는 치즈를 만나더라도 실망하고 실패라고 여기기보다 즐거운 경험을 했다고 생각하시기를 바랍니다. 아무 일도 하지 않으면 아무런 일도 일어나지 않아요. 인생 치즈를 찾으려면 도전정신이 필요합니다.

가끔 저희가 운영 중인 쇼핑몰에서 치즈를 구매하신 분의 후기를 살펴보다 속상할 때가 있어요.

"제 입에 맞지 않아서 별로예요."

물론 지극히 개인적인 의견의 표현이겠지만 결과적으로 예상 밖의 맛이거나 개인의 취향에 맞지 않은 치즈도 그 자체로 충분히 좋은 치즈랍니다. 이 경우 제가 드리는 팁은 모험심을 가져야 한다고는 했지만 무턱대고 완전히 낯선 치즈는 구매하지 말라는 거예요. 모든 경험은 강도를 천천히 높여가야 더 잘 즐길 수 있습니다. 잠시 제가 과거 직장 동료를 어떻게 치즈 애호가의 길로 인도했는지 그 과정을 이야기해볼게요.

어느 날, 제가 치즈를 공부하는 걸 안 직장 동료가 관심을 보였습니다. 신나게 치즈 관련 대화를 나누다 치즈 추천을 부탁하더라고요. 치즈를 좋아하지만 뭔가 두려워서 다양한 시도는 못해봤다고 하면서요.

제가 좋아하는 치즈를 주변 사람도 함께 좋아해주면 좋겠다는 마음이

커서 도전정신이 발동했습니다. 다음 날부터 치즈를 하나씩 가져가서 점심시간 때마다 동료에게 조금씩 맛을 보여주기 시작했어요. 부담 없는 맛의 생치즈는 쉽게 통과했고 곧바로 흰색 외피연성치즈로 이어졌습니다. 익숙하지 않은 맛의 치즈를 잘 어울리는 간단한 식재료와 함께 맛보여주자 그녀는 결국 가장 맛의 강도가 센 블루치즈도 즐겨먹는 사람이 되었어요.

제가 욕심을 내서 처음부터 블루치즈를 들이밀었다면 어땠을까요? 동료는 치즈를 다시는 쳐다보지 않았을 수도 있겠죠. 우리에게 생소한 식품, 특히 치즈처럼 맛의 경험이 필요한 발효식품일수록 사전 정보를 제공하고, 개인의 취향과 반응에 맞춰서 맛을 보게 하는 과정이 필요합니다. 더불어 친절하게 안내해주는 치즈 가이드가 있다면 보다 쉽게, 맛있게 치즈를 즐길 가능성이 더 커지겠죠?

그래서 또 한 번 말하지만 프로마제라는 직업이 필요한 거죠.

자, 그렇다면 치즈에 관심을 가진 시작 단계라면 어떤 순서로 치즈를 맛보면 좋을까요? 제 추천은 다음과 같은 순서예요. 물론 치즈 분류에 맞춰 제안하기에 개별 치즈로 들어가면 맛의 강도에 따라 조금씩 달라질 수 있음을 이해해주세요. 또 여기 나온 39가지 치즈는 여러분이 꼭 한 번은 맛보았으면 하는 '프로마쥬 추천 치즈 리스트'이기도 합니다. 이 치즈들은 부록에 자세한 설명과 함께 다시 한 번 정리해두었습니다.

1단계: 생치즈

모짜렐라, 부라타, 리코타, 마스카르포네, 페타

2단계: 반경성치즈

고다, 체다, 하바티, 테트 드 무안, 라클렛, 만체고, 콜비잭

3단계: 흰색외피연성치즈

까망베르, 브리, 카프리스 데 디유, 생 앙드레, 뇌샤텔, 샤우르스

4단계: 경성치즈

에멘탈, 그뤼에르, 꽁떼, 파르미지아노 레지아노,
그라나 파다노, 페코리노 로마노

5단계: 염소젖치즈

샤브루, 부쉐뜨 드 쉐브르, 쌩뜨 모르 드 뚜렌느, 발랑세, 바농

6단계: 세척외피연성치즈

마루왈, 랑그르, 에뿌아쓰, 리바로, 몽도르

7단계: 블루/푸른곰팡이치즈

고르곤졸라, 블루 스틸턴, 로크포르

치즈를 맛있게 즐기는 세 가지 방법

익숙하지 않은 치즈를 선물받으면 '이 치즈를 어떻게 먹지?'라고 복잡하고 어렵게 생각하는 분들이 많더라고요. 그래서 일단 냉장고에 넣어두었다가 나중에는 상해서 버리기 십상이죠. 저는 늘 낯선 치즈를 대하는 방법은 사실 아주 간단하다고 말씀드립니다.

"치즈는 이미 완성된 요리예요. 그 자체를 즐기면 됩니다."

치즈, 절대 어렵지 않습니다. 맛없을까 봐, 못 먹을까 봐 두려워할 필요도 없어요. 물론 내 입맛에는 안 맞는 지나치게 강한 치즈일 수는 있겠죠. 하지만 그조차도 우리가 앞에서 배운 치즈 8분류를 떠올리면 색다른 경험이 됩니다. 더 늦기 전에, 치즈 상태가 좋을 때 고유의 맛과 향을 오롯이 느끼고 즐기기만 해도 충분합니다.

단, 치즈의 짠맛을 중화시켜줄 빵이나 크래커, 좀 더 맛있게 즐기도록 도와주는 부재료나 음료와 함께하세요. 다음에 소개하는 세 가지 방법을 염두에 두고 치즈를 온전히 맛보세요.

① 상태가 좋을 때 치즈 자체의 맛과 향 즐기기
② 치즈 단짝과 함께 먹기
③ 남은 치즈는 요리에 활용하기

상태가 좋을 때 치즈 자체의 맛과 향 즐기기

치즈를 구매한 후 상태가 좋을 때 즐겨보세요. 각 치즈가 가진 고유한 맛의 특징을 알 수 있습니다. 자꾸 치즈로 거창한 뭔가를 만들어야겠다는 압박감에서 벗어날 필요가 있어요. 재료를 손질하고 불을 사용해 요리하는 번거로움 없이 그저 냉장고에서 치즈를 꺼내 빵 한 조각, 차 한 잔만 준비해도 충분히 멋진 시간을 즐길 수 있어요.

치즈 단짝과 함께 먹기

《성경》에도 치즈의 푸드 페어링Pairing(잘 맞는 식재료를 찾아 함께 먹기)이 등장한다는 사실을 알고 있나요? 바로 '엉긴 젖과 꿀'이라는 표현입니다. 이 말처럼 치즈의 가장 좋은 친구를 하나만 꼽는다면 종류 불문하고 '꿀'을 추천드려요. 치즈의 짠맛에 꿀의 단맛이 더해지면 맛있는 치즈를 더 맛있게, 먹기 부담스러운 치즈를 좀 더 쉽게 맛보도록 큰 도움을 준답니다.

이 밖에도 과일, 잼, 견과류, 육가공품, 채소 등 우리 일상에서 흔히 찾아볼 수 있는 식재료들과 조합해도 훌륭한 결과를 얻을 수 있어요. 치즈 자체를 즐기고

이후 잘 어울리는 치즈 친구를 하나씩 찾아가면 새로운 발견의 기쁨과 즐거움을 느낄 거예요. 프로마쥬가 추천하는 치즈&음료, 치즈&음식 페어링은 8, 9장에서 자세히 소개해드릴게요.

남은 치즈는 요리에 활용하기

한 덩어리의 치즈를 사서 조금씩 야금야금 먹다 보면 점점 원래의 모양을 잃고 생김새가 미워지기 시작하죠. 치즈가 어중간하게 남았거나 시간이 지나 컨디션이 나빠졌다면, 이때가 바로 치즈를 요리에 활용하기 좋은 때입니다.

특정 치즈를 제외하고 대다수 치즈는 열에 잘 녹는 성질을 가집니다. 평소 자주 만들어 먹는 토스트, 파스타나 수프, 오븐 요리가 있다면 조금 남은 치즈를 살짝 더해보세요. 요리 풍미가 확 살아날 거예요. 한식에서도 깊은 맛을 내기 위해 된장이나 액젓을 사용하잖아요. 요리에 단백질 발효식품을 조금 넣으면 어딘지 모르게 깊은 맛을 만들어주기 때문이죠. 치즈도 마찬가지입니다. 크림 파스타에 먹다 남은 고르곤졸라치즈 한 조각을 잘라서 녹여보세요. 가족의 폭풍 칭찬이 뒤따를 거예요.

이처럼 치즈는 세 번에 걸쳐 드시는 것을 추천드립니다. 상태가 좋은 치즈를 온전한 맛 그대로 즐기며 내 안에 치즈 데이터를 쌓아가고 익숙해지면 주변의 식재료들을 더해서 재미있는 푸드 페어링을 경험해보는 겁니다. 그리고 마지막으로 애매하게 남은 치즈가 있다면 요리에 사용하기. 이렇게 하면 자칫 무관심 때문에 냉장고 한구석에 처박혀 있다가 곰팡이가 피어서 버리는 아까운 치즈가 더는 없을 거예요.

그러고 보니 떠오르는 일화가 있습니다. 프로마쥬 치즈 클래스에는 같은 강의를 또 들으러 오는 분들이 종종 있습니다. 의아한 마음에 한 번은 왜 또 들으러 오셨는지 여쭤보았습니다. 정말 뜻밖의 이야기를 하시더라고요.

본인은 치즈를 좋아해 즐겨 먹는데 가족은 먹지 않아 치즈 하나를 사서 혼자 다 처리하기가 힘들다는 겁니다. 치즈를 다 먹지 못하고 버리는 경우들이 발생하는 거죠. 또 다양하게 먹고 싶은데 한 자리에서 여러 치즈를 맛보는 상황도 만들기 어렵다고 하시더라고요. 다 함께 치즈 이야기를 나누며 다양한 치즈를 즐길 수 있어서 여러 번 클래스를 들으러 온다고 하신 거죠. 그러면서 가족뿐 아니라 지인들에게 치즈를 하나씩 알리고 있다고도 하세요. 함께 먹으면 더 즐거운 법이니까요.

온도, 치즈를 더 맛있게 한다

치즈 클래스 수강생분들께 자주 듣는 이야기가 있어요.
"프로마쥬에서 치즈를 먹으면 왠지 더 맛있는 것 같아요."
그러면 저는 이렇게 대답합니다.
"당연하죠!"
그 이유는 우스갯소리이지만 남이 차려주는 음식은 그게 뭐든 맛있기 마련이죠. 그리고 무엇보다 중요한 건 제가 미리 치즈 온도를 적정 수준으로 맞춰두었기 때문입니다.
에멘탈치즈는 냉장고에서 꺼내 차가운 상태에서 바로 먹으면 마치 지우개를 씹는 것과 같은 느낌을 받는다고 하는 분이 계세요. 물론 제가 지우개를 먹어보지는 않았지만 어떤 말씀인지 충분히 알 것 같아요. 같은 에멘탈도 먹기 30분에서 1시간 정도 상온에 꺼내두고 다시 맛을 보면 연한 호두향과 더불어 살짝 단맛까지도 느낄 수 있습니다. 치즈 지방의 온도가 올라가면서 본연의 맛과 향을 더 잘 느끼도록 하기 때문이에요.
한 가지 주의할 점은 치즈를 상온에 꺼내둘 때 마르지 않도록 습도를 유지해주는 것입니다. 먹을 만큼 치즈를 잘라 랩으로 씌워두거나 키친타월을 물에 적신 후 물기를 꼭 짜고 살짝 덮어두는 것만으로도 충분해요.
물론 예외도 있답니다. 생치즈의 경우 차가운 상태가 좀 더 신선하게 느껴져서 좋을 때가 있고, 블루치즈의 한 종류인 영국의 블루 스틸턴은 크리스마스 시즌에 차갑게 두고 포트 와인Porto Wine과 먹기에 좋거든요.

똑똑한 치즈 구매 방법

치즈를 구매하는 가장 좋은 방법은 대다수 식품이 그렇듯, 필요할 때마다 먹을 만큼만 조금씩 자주 사는 거예요. 치즈는 제조장이나 숙성실을 벗어나는 순간부터 다양한 위험에 노출돼요. 치즈가 일상 가까이에 있는 서구 문화권에서는 전문점에서 전문가의 도움을 받아 좋은 상태의 치즈를 구매할 수 있지만, 상황이 여의치 못한 한국에서는 이미 완제품으로 포장된 치즈의 상태와 소비기한만 보고 판단해야 하는 경우가 많아요.

불투명한 종이나 박스로 포장되어 제품 내부를 확인할 수 없다면 포장을 개봉하고 이상이 있을 경우 판매처에 교환이나 반품을 요청할 수 있어요. 이때, 상태 설명과 더불어 필요하다면 이상이 있는 부분의 사진을 미리 찍어 전달하면 도움이 됩니다. 판매자도 예상치 못한 경우들이 종종 생기기 때문이에요. 구매 시 다음 네 가지 사항을 확인하세요.

취향과 대안

평소 치즈 경험의 정도에 따라 종류를 결정하는 것이 좋아요. 판단이 어려우면 대중적인 맛의 부드럽고 온화하며, 숙성 기간이 짧은 치즈를 선택하는 것이 안전합니다. 여러 종류를 산다면 무난한 치즈 한두 종에 조금은 특별한 맛의 치즈를 더해 다양한 즐거움을 경험해보셔도 좋습니다. 선물이라면 받는 사람의 치즈 경험을 꼭 확인해두세요.

원하는 치즈를 구매할 수 없는 상황이라면, 같은 분류에 속하는 다른 치즈를 선택하면 크게 어긋남이 없어요. 저희도 클래스에 사용하는 치즈들이 종종 품절되거나 수입 통관 절차에 문제가 생겨 전량 폐기가 되는 상황을 자주 마주합니다. 그럴 때를 대비해 늘 대안으로 다른 치즈들을 함께 고려해 리스트를 정리해두어요. 예를 들어 브리치즈라면 까망베르 치즈를 대안으로 넣어두는 거죠.

용도와 양

간식인지 식사인지, 함께 곁들이는 음료가 있는지, 몇 명의 어떤 사람이 함께하는지에 따라 필요한 치즈의 양이 달라집니다. 치즈는 생각보다 포만감이 크고 든든함을 오래 유지시키는 식품이므로 계획보다 살짝 모자란 양을 준비하고, 곁들이는 부재료로 부족분을 채우는 것도 현명한 방법이에요.

가격

양이 중요하다면 예산을 잘 따져 종류를 선택해야 합니다. 무난한 맛에 공장에서 대규모로 생산하는 제품은 상대적으로 저렴한 가격에 구매가 가능합니다. 소비기한이 짧고 대중적이지 않은 맛의 치즈일수록 가격이 비싼 편입니다. 하지만 값비싼 치즈가 늘 더 맛있는 것은 아닙니다. 상황에 맞는 치즈가 가장 맛있는 치즈로 남는 법이랍니다.

온라인 대 오프라인, 어디서 치즈를 살까

유럽, 미국, 홍콩, 일본 등은 치즈를 큰 덩어리에서 원하는 만큼 잘라서 파는 소분 판매가 가능합니다. 그러나 국내에서는 치즈 소분 판매가 초기 단계이고(2024년 7월 3일 치즈 소분 판매 허용) 완제품 상태로 포장되어 있는 작은 단위의 치즈를 주로 살 수 있습니다.

더군다나 집 근처에 손쉽게 구매할 수 있는 오프라인 치즈 매장이 흔하지 않고 주로 대형 마트나 백화점, 식료품점, 와인샵 등에서 치즈를 살 수 있죠. 오프라인 매장에서 치즈를 구매하면 별도의 배송비 부담을 줄일 수 있고 백화점과 같은 일부 매장에서는 치즈 지식을 가진 직원분에게 도움을 청할 수 있어서 좋습니다.

요즘은 온라인 치즈 쇼핑몰도 어렵지 않게 검색해 찾을 수 있죠. 오프라인 매장보다 다양한 치즈를 판매하고, 택배 시스템이 잘되어 있어 빠르게 물건을 집에서 받아볼 수 있어 편리합니다. 가끔은 소비기한이 임박한 제품이나 기획 상품을 저렴한 가격에 판매하니 이러한 기회를 적극 활용해 보는 것도 추천드립니다.

유의할 사항은 일부 수입 치즈의 경우, 시점에 따라 통관 과정에서 예상 밖의 문제가 발생해(너무나도 빈번한 일) 계획적인 구매가 어려울 수 있고, 소비기한이 짧거나 희소성을 가진 치즈는 수급의 문제가 있다는 점을 고려해야 한다는 것입니다. 필요한 치즈가 있다면 주문과 배송 시기를 미리 잘 계획해야 하죠.

또 온라인 쇼핑몰 선택에 있어 중요한 점은 냉장 보관해야 하는 치즈의 특성상 냉매와 아이스박스 포장 상태, 배송에 대한 충분한 안내가 이루어지는 곳인지 확인하는 것입니다. 믿을 수 있는 곳에서 사야 합니다.

소비기한

제품에 표기된 소비기한은 생산자가 권장하는 안전한 섭취 기간을 말해요. 생치즈처럼 수분이 많은 치즈는 제조일자로부터 빠른 시일 내에 먹는 것이 바람직하고 소비기한을 준수하는 것이 좋습니다. 상대적으로 수분감이 적은 연성치즈→경성치즈 순으로 표기된 소비기한을 초과하더라도 실제 소비할 수 있는 기간이 늘어납니다. 치즈는 소비기한보다 품질유지기한best before date을 참고하고 개인의 경험을 발휘해 치즈 상태를 파악해가며 구매하는 것이 현명합니다.

하지만 '개인의 경험을 발휘해'라는 말은 경험이 부족한 사람에게는 막연하고 위험한 표현이 될 수 있죠. 이렇게 비교해볼 수 있겠네요. 모두에게 해당하는 이야기는 아닐 수 있지만, 우리에게 익숙한 김치를 시중에서 구매할 때 소비기한은 숙성 정도를 파악하기 위한 가이드로 활용할 뿐이잖아요. 이를 식품 안전상의 기준으로 판단하지 않고 오히려 자신이 좋아하는 익음 정도에 따라 사는 것과 비교해보면 이해가 쉬울 겁니다. 즉 발효식품은 개인의 경험도가 식품의 상태를 파악하는 중요한 기준이 됩니다.

그리고 수입 치즈는 소비기한 표기 방법이 한국과 다른 경우가 다수예요. 우리는 보통 '연-월-일' 표기에 익숙하지만, '일-월-연', 또는 '월-일-연' 표기도 있으니 제품 백라벨(한글표시사항)의 가이드를 참고하면 도움이 됩니다.

치즈를 끝까지 맛있게 즐기는 보관법

치즈를 보관하는 데 있어서 가장 중요한 세 가지 요소는 온도와 습도, 냄새 관리입니다.

온도: 냉장 보관이 원칙, 선택적 냉동 보관

상온 보관이 가능한 극히 일부 치즈를 제외한 모든 치즈는 기본적으로 10℃ 이하의 냉장 보관을 원칙으로 해요. 냉동이 아닌 범위 내에서는 온도가 낮을수록 치즈의 추가 숙성과 변질 시간을 더디게 합니다. 냉장고 문을 자주 여닫으면 그때마다 온도 변화를 크게 겪기 때문에 가급적이면

치즈는 냉장 보관을 원칙으로 합니다.

1. 용기 그대로 보관하는 경우, 입구 부분을 키친타월로 깨끗이 닦고 뚜껑을 덮습니다.
2. 연성치즈는 자른 단면이 흘러내리지 않도록 필름(무스 띠)을 이용해서 치즈 단면에 부착합니다.
3~4. 치즈 원래의 포장제로 재포장하기도 합니다.
5. 수분이 많은 치즈는 키친타월로 눌러 물기를 제거하고 보관합니다.
6. 치즈 포장 용기 그대로 전체를 랩으로 싸서 보관합니다.

영향이 적은 냉장고 안쪽에 보관하는 것이 조금은 도움이 됩니다. 요즘에는 김치냉장고에 과일 보관도 많이 하던데요, 상대적으로 김치냉장고는 문을 여닫는 횟수가 적고 저온 유지 기능이 좋아 치즈 보관의 대안 장소입니다.

그래도 미처 다 먹지 못하고 버리는 것보다는 경우에 따라 선택적으로 냉동 보관을 해도 된다는 것이 제 생각이에요. 하지만 한 가지 유념해야 할 것은 우리가 생태를 냉동해서 동태로 만들었다가 다시 해동했을 때 처음 생태 상태를 기대하지 않는 것처럼 치즈도 같은 결과를 예상해야 한다는 거예요.

치즈는 냉동하는 순간 내부 조직이 변하기 때문입니다. 연성치즈는 특히나 냉동을 권장하지 않으며 단단한 치즈는 사용이 편리하도록 미리 갈아 소분한 뒤 냉동하는 것이 좋습니다. 다진 마늘을 냉동 큐브로 만들어 사용하는 것처럼요. 블루치즈를 냉동했다가 잘게 부숴서 샐러드에 토핑하거나 소스에 녹여 사용하는 것도 무방해요.

냉동 보관이 무조건 나쁜 것만은 아닌 상황도 있어요. 단단하지만 조금 무른 치즈는 강판에 갈 때 진득하게 들러붙어 불편하기에 오히려 얼렸다가 사용하면 조금 더 깔끔하게 갈 수 있어요.

소비기한이 짧아 수급이 어려운 부라타치즈의 경우, 최근에는 냉동 제품도 많이 유통되는 상황이에요. 치즈 종류에 따른 특성을 이해한다면 '절대 냉동은 안 된다'라는 원칙이 불필요한 순간도 있답니다.

습도: 랩 포장, 대안으로 진공 포장

전문 치즈 제조장의 숙성실에서는 늘 적정 수분이 유지되도록 관리하지만 일반 가정에서는 그럴 수 없기에 가장 현실적인 방법은 랩으로 포장하는 것입니다. 이 방법은 치즈가 숨을 쉴 수 없기에 권장하지 않는 분들도 있지만, 가정에서 할 수 있는 가장 손쉬운 방법입니다. 랩핑 후에 내부에 수분이 갇혀 빨리 상하는 것을 방지하기 위해 사용할 때마다 랩을 교체해주는 것이 좋습니다.

이외에 자체 용기에 포장되어 있는 치즈들은 기존의 포장재를 활용해서 재포장하는 것도 좋은 방법이에요.

반경성, 경성치즈처럼 단단한 치즈는 소비기한이 제법 길지만 포장을 개봉하는 순간 남은 기간은 의미가 없어집니다. 이때부터는 동일하게 최대한 빨리 드셔야 해요. 하지만 대안으로 소분한 치즈를 진공 포장하면 길게는 1~2개월, 혹은 그 이상도 보관이 가능합니다.

냄새: 별도 보관이 원칙

저희는 우스갯소리로 특별한 치즈가 먹고 싶다면 치즈 포장을 벗기고 김치가 담긴 용기의 뚜껑을 열어 둘을 나란히 놓아두라고 말합니다. 이러면 색다른 김치맛 치즈를 경험하실 수 있으니까요.

이 말은 다르게 말하면, 치즈는 냄새 흡착력이 좋기에 냄새가 강한 식품과는 별도로 보관하라는 의미입니다. 간혹 냉장고 채소칸을 보관 장소로 추천하는 글들이 있는데, 실제 채소칸은 다른 곳에 비해 온도가 살짝 높은 편이라 치즈에는 적합하지 않을 수 있어요. 하지만 냄새가 강한 식품이 없다는 점에서는 좋을 수도 있습니다.

가장 쉽게는 치즈를 랩으로 포장하고 밀폐용기에 넣어서 어디든 냉장고 안에 두는 겁니다.

그래서 치즈를 보관하는 최고의 방법

조금은 엉뚱해 보이지만, 최선은 조금씩 자주 먹는 거랍니다. 치즈를 꺼내 먹을 때마다 상태를 가늠해볼 수 있고 상태가 점점 나빠지는 걸 알면 '아, 조금 더 빨리 먹어야겠구나', '이제는 요리에 사용해야겠어'처럼 상황에 맞게 대처가 가능하기 때문이에요. 앞에서도 말했지만 먹을 때마다 랩을 교체해줄 수 있어 도움이 되고요.

절대 먹어서는 안 되는 치즈

치즈가 상했는지, 먹어도 되는 상태인지 판단이 어렵다고 말씀하시는 분이 많습니다. 그럴 때면 저는 농담처럼 이야기하죠.

"한 번 된통 아파보면 알아요."

평소 신선한 굴을 먹어왔다면, 어느 날 상한 굴을 먹었을 때 불쾌감을

좋은 컨디션의 치즈 모습

확 느낄 수 있죠. 식중독에 걸리기도 하고요. 조금은 극단적이기는 하지만 좋은 상태와 나쁜 상태를 경험해보면 먹을 수 있는 것과 없는 경우를 단박에 구분할 수 있습니다. 하지만 이런 극단적인 경험을 한다면 다시는 치즈에 손을 대지 않을 수도 있으니 이 방법은 추천드리고 싶지 않아요. 핵심은 각각의 치즈 경험이 바탕이 되어야 정상적인 상태를 파악할 수 있고 반대로 비정상인 상태도 가늠할 수 있다는 이야기입니다.

옆의 사진을 보면 분류별 치즈의 좋은 상태를 알 수 있어요.

하지만 다음 페이지에 나오는 사진들을 보면 정상 상태를 이미 보았기에 무엇인가가 잘못되었음을 직감적으로 알 수 있을 겁니다. 그나마 아래 사진의 치즈는 곰팡이가 핀 부분을 도려내고 먹을 수 있어요. 하지만 다음 페이지 사진처럼 치즈 표면에 불규칙적으로 생겨난 곰팡이를 보면 먹기만 해도 아플 것 같다는 두려움이 생기지 않나요?

치즈 전반에 생긴 부패한 곰팡이는 치즈맛을 저해하고 나아가서는 식품 안전에 문제가 발생하므로 주의가 필요합니다.

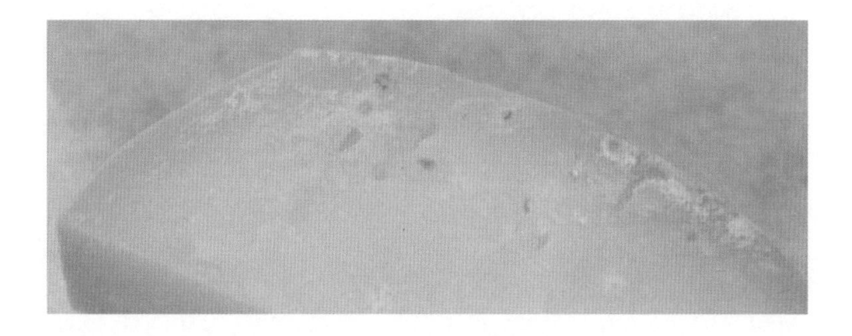

상한 치즈들

먹어서는 안 되는 치즈

분류	치즈 상태
생치즈	수분감이 많은 치즈는 상태가 나빠질수록 점성이 더해진 수분이 증가하고 쉰내가 나며 더 나아가면 핑크빛이 살짝 감돈다. 치즈에 따라서는 푸른색 곰팡이가 조금씩 생기기도 한다.
흰색외피 연성치즈	치즈가 과숙될수록 암모니아향이 증가하고 치즈 페이퍼에 눌린 부분의 색이 짙게 변한다. 이것 자체는 문제가 되지 않지만 좋아하는 취향의 맛이 아니라면 좀 더 빠른 시일 내 먹는다. 더 진행되면 오렌지색의 작은 반점들이 생기고 수분이 증발해서 조금씩 딱딱해지므로 버려야 한다.
반경성 / 경성치즈	단단한 치즈는 상대적으로 수분감이 적어 오래 보관할 수 있고, 변질의 우려도 적다. 간혹 작은 크기의 곰팡이가 발견된다면 이 부분을 살짝 넓게 잘라내고 먹어도 무방하다. 단, 이 상태가 더 광범위하게 진행된다면 버린다.
블루치즈	치즈 표면에 흰 곰팡이가 필 수 있다. 적은 양이라면 칼날을 세워서 긁어내고 먹어도 무방하다. 치즈 상태가 더 나빠진다면 연한 핑크빛의 끈적이는 액체가 생기는데 이때는 미련 없이 버린다.

가볼 만한 치즈 행사와 축제

치즈 행사가 여기저기서 열리는데 잘 알려지지 않았거나 작은 규모의 지역 행사들이 많더라고요. 그래서 제가 직접 경험해보고 계속 같은 시기에 열리는 큰 행사들 위주로 소개해볼까 합니다.

국가	행사명	지역	시기	공식 사이트
한국	임실N치즈축제	전북 임실	매년 10월	www.imsilfestival.com
이탈리아	슬로푸드	브라	격년 9월	www.slowfood.com
프랑스	치즈·유제품 박람회	뚜르	격년 9월	www.cheese-tours.com
일본	국제 치즈아트 프로마제 대회	도쿄	격년 4월	www.fromager-japan.com

한국 임실N치즈축제

한국 치즈의 발상지인 전라북도 임실에서는 2015년부터 매년 10월에 치즈 축제를 개최합니다. '치즈'라는 뚜렷한 주제를 가지고 브랜딩을 확고히 한 임실은 지역 명소인 임실치즈테마파크 전역에서 다양한 행사를 치릅니다. 놀랍게도 캐나다 연수를 다녀오고 나서 얼마 안 돼 임실군 관계자분에게 연락을 받았습니다. 그동안 제 블로그를 관심 있게 지켜보았다면서 '2015년 임실N치즈축제'의 일부 프로그램을 대행해보면 어떻겠냐는 제의를 하신 거예요. 캐나다에 있는 동안 치즈 축제에 대한 관심이 급증해 있던 터라 얼마나 반가웠는지 모릅니다. 그동안 축제를 위해 생각해두었던 아이디어와 창고에 쌓아둔 치즈 소품들을 모조리 꺼내 새로운 프로그램을 기획하고 서울의 스태프들과 함께 임실로 향했습니다.

그렇게 프로마쥬는 2015년부터 코로나19 시기를 빼면 매년 10월에 '임실치즈페어'라는 부대행사를 진행하며 임실에서 가을을 보내고 있습니다. 여러분도 꼭 한 번 다녀오시면 좋겠습니다.

이탈리아 슬로푸드

슬로푸드는 지역의 전통음식 문화를 지켜나가고자 1989년에 설립된 글로벌 조직으로 깨끗하고 정직한 음식을 즐길 수 있도록 노력해요. 홀수 연도 9월이면 이탈리아의 작은 마을 브라에서 행사를 개최하는데 전 세계 160개국 이상에서 수백만 명의 사람들이 행사를 즐기기 위해 방문합니다. 꿀벌, 물고기, 고기, 와인 등 다양한 주제를 다루는데 그중에 치즈도 있답니다. 슬로푸드로서 치즈의 가치를 지키고 온전히 전하고자 노력하는 거죠.

프랑스 치즈·유제품 박람회

세계적인 치즈·유제품 박람회로 루아르강이 흐르는 프랑스 뚜르에서 홀수 연도 9월에 개최됩니다. 본 행사는 크게 두 부문으로 나뉘는데, 뛰어난 유제품을 전시하고 업계 관계자가 자유롭게 만나는 전시회, 또 하나는 좋은 치즈와 치즈 전문가를 선정하는 글로벌 치즈 대회예요.

저는 2019년 'International Best Cheesemonger Competition'에 한국인 최초로 출전했어요. 대회 참가 스토리는 다시 말씀드릴게요. 이 대회의 위원장인 로돌프 르 므니에 Rodolphe Le Meunier는 자신의 치즈샵 브랜드인 '르 므니에'를 2022년 서울에 런칭하기도 했답니다.

일본 국제 치즈아트 프로마제 대회

일본 치즈아트프로마제협회에서 주관하는, 치즈 전문가 프로마제들이 경쟁하는 대회입니다. 다른 국제 대회와는 다르게 치즈를 아트로 풀어내 컷팅&플레이팅을 메인으로 심사해요. 본 대회가 진행되는 동안 관람객은 그 과정을 옆에서 모두 지켜볼 수 있어서 꼭 한 번 가보면 좋을 것 같아요. 대회 조직위원 중 한 분은 국내에 소개된 치즈책 《올 어바웃 치즈》의 저자이자 저의 스승님인 무라세 미유키입니다.

chapter 7

치즈 미식가가 되어보자, 테이스팅 노트 작성

치즈 테이스팅, 먹어본 치즈는 내 것으로 만들기

저는 초창기 시절부터 치즈를 맛볼 때마다 그 내용을 정리해 블로그에 기록했습니다. 나중에 보니 이 모든 것이 저에게는 아주 큰 자산이 되었습니다.

치즈 관련 일을 직업으로 삼은 다음부터는 다양한 치즈를 맛보고 나름의 평가를 하는 경우가 더 자주 생겼습니다. 아니, 단순한 평가가 아닌 비교 분석을 하며 다른 전문가들과 토론까지 벌입니다. 저와 비슷한 업종의 사람들에게 이는 정말 흔한 풍경입니다. 그러면서 즐거움을 얻고 전문성 또한 더 깊어졌습니다.

치즈 전문가가 치즈 테이스팅을 하는 목적은 해당 치즈의 본질적인 특

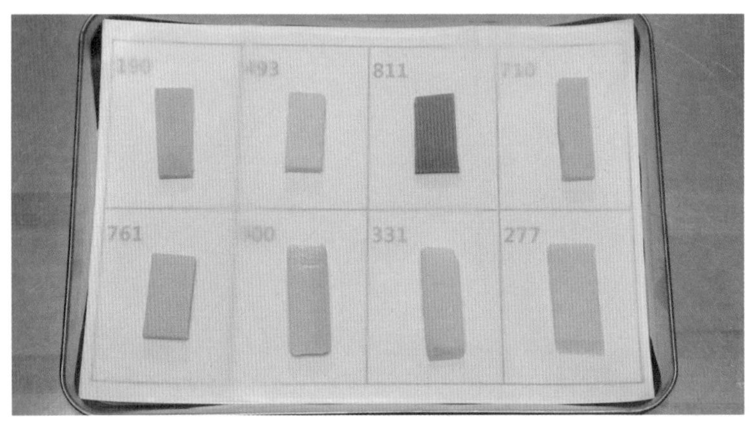

관능 평가를 위해 준비한 치즈

성을 파악하고 상태를 가늠해보며 어떤 식으로 활용해 페어링을 시도해 볼지 등을 확인하기 위해서입니다. 업무적으로 더 나아가면 치즈 대회에서처럼 치즈 품평도 합니다. 치즈 품평은 '관능평가(사람의 오감을 총동원해 품질을 평가하는 일)'라고 해서 치즈의 상태와 풍미에 관해 보다 상세한 항목들을 분석합니다.

치즈를 판매할 때도 치즈 상태를 제대로 파악해야 고객에게 품질이 좋은 치즈를 공급할 수 있습니다. 한 종류의 치즈라고 해도 반복적인 치즈 테이스팅 과정을 통해 치즈 고유의 특징을 명확히 인지해야 품질이 좋고 나쁨을 가늠할 수 있기에 치즈 테이스팅은 중요한 업무입니다.

요즘 SNS를 보면 유명한 맛집을 탐방하고 자랑하듯 게시물을 올리는 분이 많습니다. 그런 분들이 가끔은 부럽기도 하고, 뭘 이런 것까지 자랑하나 싶기도 하지만 생각해보면 충분히 자랑할 만한 일이에요. 시간과 돈을 써서 다양한 시도를 해 경험치를 높였으니까요.

그런데 그보다 더 대단한 사람이 있어요. 그건 바로 많이 먹어보고 그 맛을 기록해 기억하는 사람들입니다. 맛을 보았다면 그것을 자신의 것으로 만들어야죠. 제가 최근에 뇌 과학 관련 책을 흥미롭게 읽었는데 사람의 기억력은 우리의 기대보다 형편없고 때로는 심한 왜곡도 일어난다고 해요. 결국 '기록'이 중요합니다.

전문가가 아니더라도 새로운 치즈를 맛볼 때마다 그 치즈의 맛과 특징을 기록해둔다면 두고두고 써먹을 수 있는 자산이 될 거예요. 또 무엇이

낯선 치즈 이름 맞히기, 블라인드 테이스팅

지인들과 와인바를 가면 저 때문이라도 으레 치즈 플레이트를 안주로 주문합니다. 그런데 보통 메뉴판에 치즈 종류가 상세히 쓰여 있지 않죠. 그럴 때마다 지인들은 이게 무슨 치즈냐고 종종 저에게 물어봅니다. 사전 정보 없이 치즈의 모양과 맛만 보고 이름을 맞혀야 하는 블라인드 테이스팅인 셈이죠.

그럴 때를 대비해 다들 수다를 떠느라 정신이 없는 틈에 저는 재빨리 치즈를 살펴보고 모두 맛까지 본 후 나름의 결과를 가지고 질문이 이어지기를 기다리기도 한답니다.

저의 블라인드 테이스팅 결과는 어땠을까요? 대부분 정답을 맞힐 수 있었습니다. 제가 아주 뛰어난 미각을 지녀서라기보다는 한국에서 유통되는 대부분의 치즈를 제가 알고 있고, 와인바에서 주로 사용하는 치즈 종류가 제한적이기 때문입니다.

하지만 외국에서라면 다를 수 있습니다. 너무도 많은 치즈 종류, 제조국가, 원유, 숙성 기간 등을 블라인드 테이스팅을 통해 알아내는 것은 말처럼 쉽지 않습니다. 제가 참가했던 프랑스 치즈 대회 과제에도 블라인드 테이스팅이 포함되어 있었는데요, 오직 다년간의 시간을 들여 경험을 축적해야만 정답을 내놓을 수 있습니다. 치즈 테이스팅은 여전히 저에게도 어려운 일이에요.

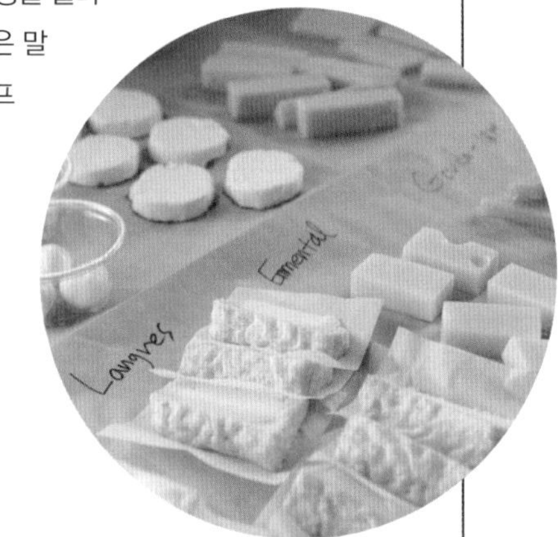

되었건 자세히 살펴보고 분석해보면 미처 몰랐던 새로운 발견도 하게 됩니다. 저는 가끔 예전에 썼던 치즈 테이스팅 노트를 들춰 보는데 같은 치즈라도 그때는 못 느꼈던 맛과 향을 이제는 잘 알게 된 것도 있더라고요.

그럼 치즈를 맛보고 기록하는 기준을 하나하나 알아보겠습니다.

오감을 총동원한 치즈 테이스팅 과정

'첫인상만 봐도 안다.'

이 말이 얼마나 위험할 수 있는지 다들 아시죠? 인간관계에서 상대를 알려면 충분한 시간을 함께 보내야 하듯이 치즈도 마찬가지입니다. 관심을 가지고 하나씩, 무난한 것부터 개성이 강한 것까지 서서히 알아간다

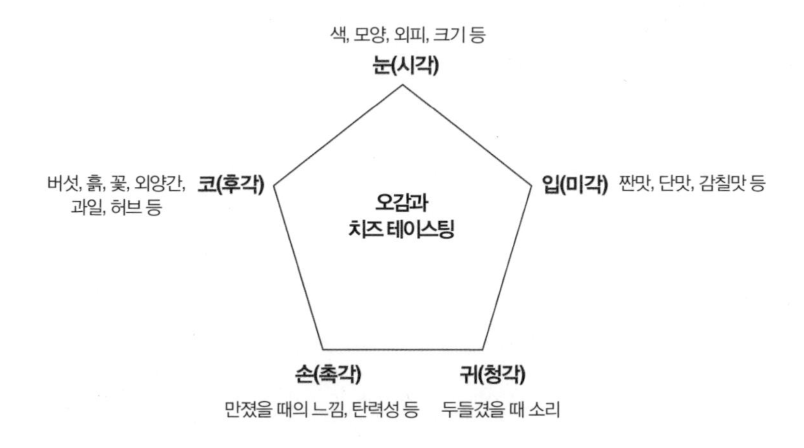

면 한 번의 짧은 판단으로는 놓칠 수 있는 치즈의 참다운 매력을 오롯이 경험할 수 있을 거예요.

자, 첫 번째 치즈 확인 방법은 바로 시각적인 인지입니다.

시각: 외형적 특징 파악하기

그동안 경험과 공부해온 치즈 지식을 바탕으로 모양, 색깔, 크기, 질감 등 시각적 단서로 맛을 대략 예측해볼 수 있어요.

프로볼로네

모양 일부 치즈를 제외하고 대다수는 일반 성형틀에서 반듯하게 모양을 잡아 완성합니다. 가장 많은 형태는 원반형, 실린더형이고 직육면체·하트·피라미드 모양 등도 있습니다. 하지만 치즈를 작은 조각으로 잘라놓았다면 전체 모습을 알 수 없죠.

색깔 생치즈만 대부분 전체 색깔이 균일하고 그 외 치즈는 크게 외부(외피)와 내부(속살)가 다른 색입니다. 치즈의 가장 바깥쪽 껍질인 외피는 제조 특징, 숙성법, 숙성 기간에 따라 고유한 색과 질감, 두께를 가집니다. 그래서 작은 조각이라도 외피가 남아 있다면 이름표가 붙어 있는 것과 같아요. 치즈 블라인드 테이스팅에서 외피는 중요한 단서가 됩니다. 치즈를 잘라 단면의 색깔을 확인해볼까요? 속살은 제조법이나 첨가물 유무에 따라 달라지지만 다수의 치즈는 크림색, 엷은 노란색이에요. 숙성도에 따라 중심부에서 외피 가까운 부위까지 색깔 차이가 날 수도 있습니다.

크기 치즈의 크기는 가로, 세로, 지름, 높이로 잽니다. 또 중량도 작은 건

시각적인 특징이 확실한 치즈들로 1. 리바로는 갈대와 비슷한 풀로 치즈 측면에 띠를 두르고 2. 뇌샤텔은 하트 모양입니다. 3. 모르비에는 치즈 중앙에 검은색의 목탄재, 애쉬ash를 넣어 만들고 4. 푸름당베르는 블루치즈 특유의 푸른곰팡이가 마치 대리석 같아요.

100g 미만부터 큰 건 100kg이 넘어요.

질감 질감은 눈으로 봤을 때 느껴지는 치즈의 상태와 입안에서 느끼는 질량감의 두 종류가 있습니다. 시각적으로는 치즈 분류별 특징에 따라 연약함, 수분감 있음, 부드러움, 끈적임, 단단함, 탄성 있음, 건조함 등으로 질감을 묘사합니다. 외피와 속살은 보통 다른 질감을 가진 경우가 많습니다.

후각: 냄새 맡기

한국 음식에 생소한 외국인이 된장 냄새를 처음 맡았을 때 어떤 반응을 보일까요? 익숙하지 않은 냄새에 순간 얼굴을 찌푸리고 피해버리면 보글보글 따뜻하게 끓인 된장찌개의 맛을 평생 못 볼지도 모릅니다.

치즈에서 나는 냄새를 조금만 길게 맡아보세요. 구수함에서 쿰쿰함, 암모니아향까지 더 세부적으로는 우유, 버터, 버섯, 과일과 견과류의 향까지 다양한 냄새를 맡을 수 있어요. 코에서 느낀 향이 입안에서는 어떻게 다가오는지 변화를 살피면 더 재미있고요.

까망베르치즈는 대표적으로 흰색의 외피에서 버섯향이 납니다. 우리에게 익숙한 된장, 고추장을 생각해보세요. 즉각적으로 떠오르는 고유의 맛이 있죠. 하지만 마트에서 파는 고추장도 브랜드 별로 맛 차이가 나는데 공산품 수준을 넘어 지역 장인이 담근 개성이 강한 장이라면 그 차이가 더 확실하겠죠? 이처럼 같은 까망베르치즈라도 원산지, 제조장, 브랜드, 제조법, 숙성 기간에 따라 다른 개성의 향을 보여줍니다. 같은 이름의 치즈라도 차이점을 세분화해 설명해야 정확한 향을 비교할 수 있습니다.

그런데 치즈 테이스팅에서는 다양한 향 목록이 등장합니다. 우유, 요거트, 캐러멜이야 충분히 이해가 가지만 흙냄새, 외양간, 과일, 꽃, 매콤함, 심지어 육향 같은 항목에서는 물음표부터 떠오르시죠? 사실 와인이나 맥주, 전통주, 차 클래스에서도 이와 비슷한 상황이 연출됩니다.

원재료에서는 어떠한 단서도 찾을 수 없지만 우리의 입과 코에서 이런 뉘앙스를 느낄 수 있는 음식들의 공통점은 바로 '발효'입니다. 미생물이 유기물을 분해해 만든 결과물이 우리에게 이로울 때 우리는 그것을 발효라고 하고, 반대로 결과물이 나쁠 때 부패라고 하죠. 다소 엉뚱한 표현이지만 이런 의외의 매력 때문에 우리는 발효식품에 중독되는 것 같아요.

미각: 입안에서 다양한 맛 느끼기

우리는 음식을 한입 크게 먹을 때 복스럽다고 하죠. 하지만 치즈를 무턱대고 입안에 많이 넣으면 심하게 거부감을 느낄 수 있어요. 우선은 적은 양을 잘라 입안에 넣고 입안 온도를 이용해 마치 초콜릿을 녹여 먹듯이 혀와 입천장을 문지르면서 맛봅니다. 서서히 코로 숨을 들이마시고 내쉬면서 느껴지는 향에 집중하면 다양한 치즈의 맛이 새삼스럽게 다가올 거예요. 이때 머릿속에 떠오르는 맛의 뉘앙스를 정제된 표현이 아니더라도 자신만의 단어로 기록해두면 많은 도움이 됩니다.

단맛 대다수 치즈는 짠맛에 가려 단맛을 쉽게 느낄 수 없어요. 하지만 생치즈에서 유당의 연한 단맛이 나고 숙성치즈는 감칠맛에 더해 달큰한 맛과 향을 조금씩 발견할 수 있습니다.

신맛 주로 신선한 생치즈에서 가벼운 신맛을 발견할 수 있고, 숙성 기간이 짧은 염소젖치즈에서는 상대적으로 신맛이 도드라져요.

짠맛 치즈 제조 시 소금은 필수예요. 치즈 종류에 따라 염도가 다른데 보통은 숙성 기간이 길수록 짠맛이 강해집니다.

쓴맛 일부 치즈는 쓴맛이 특징인 경우도 예외적으로 있지만, 대다수 치즈의 쓴맛은 부정적인 의미랍니다.

감칠맛 우유 단백질이 분해되는 과정에서 응축된 감칠맛이 만들어집니다. 젓갈, 된장 같은 식품에서 느낄 수 있는 감칠맛과 비슷하죠.

질감 입안에서 받는 전체적인 느낌을 말합니다.

그래서 치즈의 전체적인 풍미는 뭘까요? 풍미風味는 한자로 바람 풍과 맛 미자를 씁니다. '바람에 실려오는 맛'이라니 왠지 운치 있는 단어 같지만 뜻은 '전반적인 맛'을 의미합니다. 치즈에서는 고유의 특징적인 맛과 향을 말하죠.

치즈를 맛보고 나서 수강생분들에게 '어떤 맛이 나나요' 하고 물어보면 저의 시선을 회피하는 경우들을 종종 봅니다. 뭔가 알 것 같은 느낌인데 입 밖으로 표현하기가 어려운 것이죠. 그럴 때 제가 "치즈에서 마른 오징어 느낌이 나죠?"라고 물꼬를 트면 여기저기서 "맞아, 맞아!" 하면서 연신 고개를 끄덕입니다.

이미 아는 맛이지만 표현하는 훈련이 되어 있지 않아서 어려움을 겪는 것이지요. 다음은 치즈의 풍미와 연상되는 이미지를 설명하는 몇 가지 용어입니다. 테이스팅 노트에 기록할 때 참고하세요.

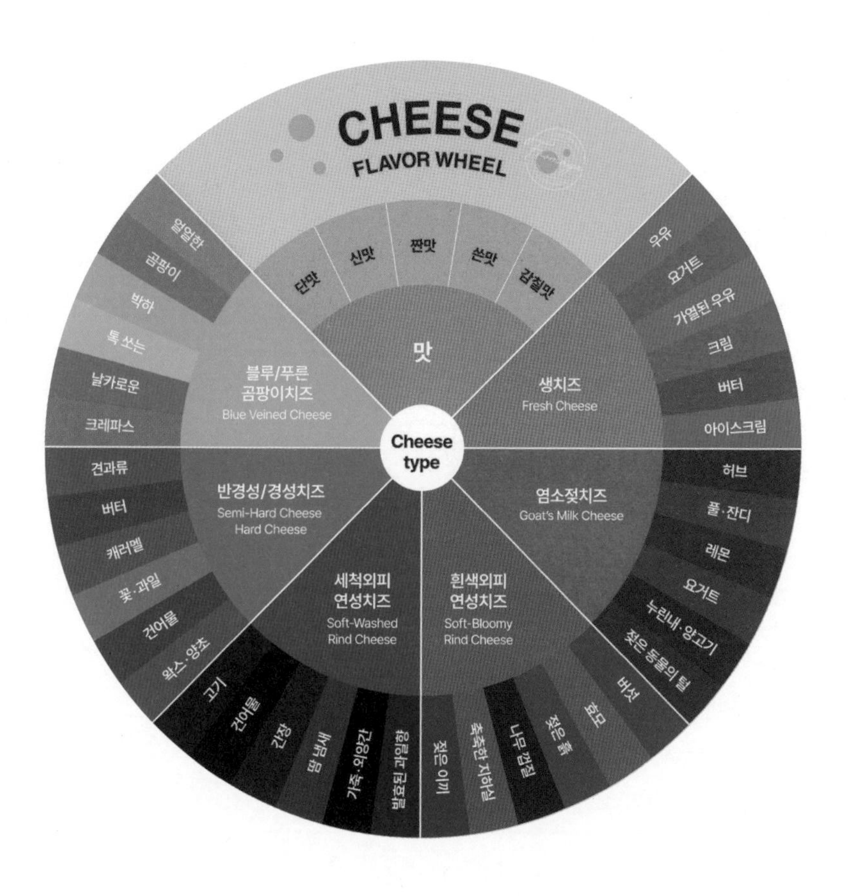

치즈 테이스팅 노트 ①

치즈명 CHEESE NAME	
제조국가 COUNTRY	
원산지 ORIGIN	
원유 종류 TYPE OF MILK	
치즈 분류 TYPE OF CHEESE	
숙성 기간 RIPENING PERIOD	
브랜드 BRAND	
중량 WEIGHT	
외관 APPEARANCE	
질감 TEXTURE	0 (무른) -- 10 (단단함)
풍미 FLAVOR	
강도 INTENSITY	0 (약) -- 10 (강)
평가 RATING	★★★★☆
노트 NOTES	

나만의 치즈 테이스팅 노트 작성하기

앞에서 어렵고 복잡한 치즈 분류와 테이스팅 방법을 알았으니, 이제는 맛있는 치즈를 먹으면서 직접 테이스팅 노트를 작성할 차례입니다. 일단 무엇을 어떻게 적으면 좋을지 기본 테이스팅 노트를 살펴볼까요? 프로마쥬에서 직접 판매하는 국내산 치즈 중, 임실에서 만든 르쁘아쥬Lepage가 있습니다. 제가 프랑스 대회에 참가할 때 직접 가지고 가서 한국의 치즈 역사와 함께 소개하는 프레젠테이션도 했는데요, 테이스팅 노트를 보고 치즈의 맛을 연상해보는 것도 재미있을 것 같아요.

치즈 테이스팅 노트의 작성 형식은 다양하게 만들 수 있습니다. 필요나 목적에 따라서 기록하고자 하는 항목 또한 달라질 수 있고요. 같은 치즈를 두고도 사람마다 다른 풍미로 기억하기도 하므로 누군가에게 보여주기 위한 기록보다는 자신을 위한 데이터 저장에 집중했으면 좋겠습니다. 복잡하고 다양한 치즈의 맛을 잘 기록해두었다가 필요할 때 꺼내어 쓸 수 있으면 됩니다.

같은 치즈도 시점이나 상황에 따라 다른 맛으로 느껴질 수 있다는 점도 명심하세요. 예전에 먹고 작성해둔 노트가 있다면 최근의 경험과 비교해보는 것도 좋은 공부가 될 것 같아요.

치즈 테이스팅 노트의 예를 하나 더 들어볼게요.

치즈 테이스팅 노트 ②

치즈 이름 **날짜**

제조국 / 원산지 **제조자 / 브랜드**

원유
소 / 염소 / 양 / 물소 / 기타

살균
유 / 무 / 기타

응고제
렌넷(동물성) / 렌넷(비동물성) / 산

분류
생치즈 / 흰색외피연성치즈 / 세척외피연성치즈 / 반경성치즈 / 경성치즈 / 푸른곰팡이치즈 / 가공치즈

모양
원반형 / 실린더형 / 사각형 / 블럭

중량
포션 ( ) 휠 ( )

숙성 기간
없음 / 기간 ( )

눈

외피
유 / 무 / 형태 ( )

내부색

수분
촉촉 ❶ ② ③ ④ ❺ ⑥ ⑦ ⑧ ⑨ ❿ 건조

질감
무른 ❶ ② ③ ④ ❺ ⑥ ⑦ ⑧ ⑨ ❿ 단단함

곰팡이
유 / 무 / 기타 ( )

첨가물
유 / 무 / 기타 ( )

코

냄새 강도
약 ❶ ② ③ ④ ❺ ⑥ ⑦ ⑧ ⑨ ❿ 강

암모니아향
약 ❶ ② ③ ④ ❺ ⑥ ⑦ ⑧ ⑨ ❿ 강

입

단맛
약 ❶ ② ③ ④ ❺ ⑥ ⑦ ⑧ ⑨ ❿ 강

신맛
약 ❶ ② ③ ④ ❺ ⑥ ⑦ ⑧ ⑨ ❿ 강

짠맛
약 ❶ ② ③ ④ ❺ ⑥ ⑦ ⑧ ⑨ ❿ 강

쓴맛
약 ❶ ② ③ ④ ❺ ⑥ ⑦ ⑧ ⑨ ❿ 강

감칠맛
약 ❶ ② ③ ④ ❺ ⑥ ⑦ ⑧ ⑨ ❿ 강

기타

총평

성격 : 단순 ❶ ② ③ ④ ❺ ⑥ ⑦ ⑧ ⑨ ❿ 복합
여운 : 짧다 ❶ ② ③ ④ ❺ ⑥ ⑦ ⑧ ⑨ ❿ 길다
평점 : 낮다 ❶ ② ③ ④ ❺ ⑥ ⑦ ⑧ ⑨ ❿ 높다

메모

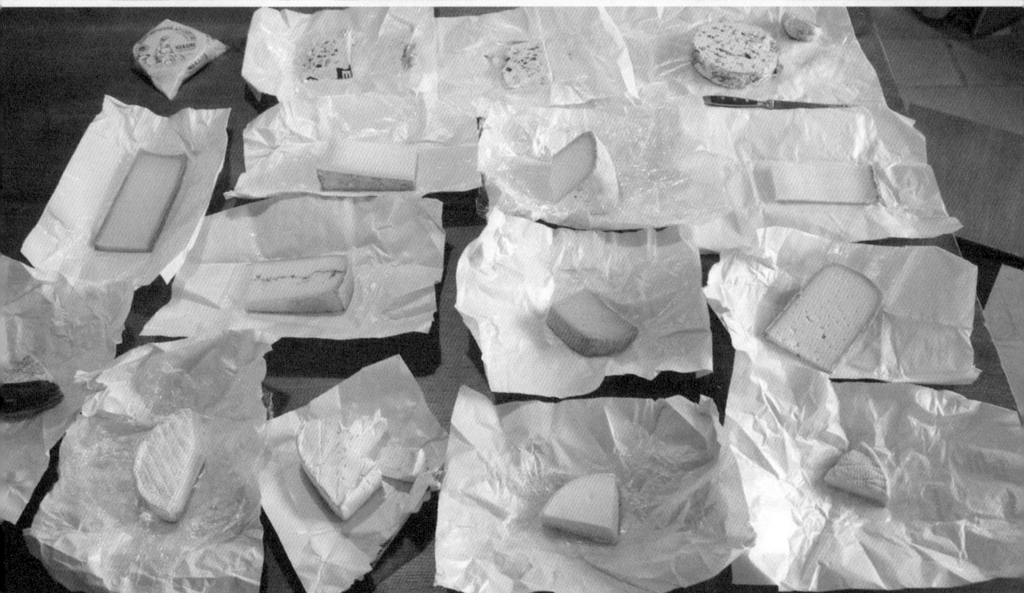

프랑스 남부 프로방스 여행 때 시골 장터의 치즈 트럭에서 다양한 치즈를 샀어요. 프랑스어 발음이 어려워서 메모지에 이름을 적어서 치즈를 주문하고는 프랑스 친구의 집에서 맛보았습니다. 내 다이어리에는 이날의 테이스팅 기록이 고스란히 남아 있습니다.

여행지의 지역 시장과 치즈샵 투어

국내든 해외든 여행은 멋진 경치 감상을 넘어 방문 지역의 문화까지 경험해볼 좋은 기회입니다. 어떻게 해야 고유의 문화를 오롯이 즐길 수 있을까요? 저는 개인적으로 음식이 정말 중요한 포인트라고 여깁니다. 그래서 해당 지역의 전통 음식이나 그 지역에서만 구할 수 있는 식재료에 집착하는데, 치즈도 그중 하나입니다.

치즈야말로 지역색을 그대로 드러내는 특산물입니다. 저는 새로운 치즈를 경험하는 것에 큰 가치를 두기에 여행하려는 곳에 지역 치즈가 있는지 먼저 조사하고 한국에 수입되지 않는 종류라면 반드시 먹어보려고 합니다. 수입이 되더라도 생산지에서 맛보는 치즈 컨디션이 훨씬 좋기에 먹어볼 기회를 놓칠 수 없습니다. 또 같은 치즈라도 다양한 환경에서 여러 번 먹어 맛을 기억에 저장시키면 기준이 생기죠. 그러면 다른 상황에서 그 치즈를 마주할 때, 좋고 나쁜 상태를 감별해낼 힘이 생깁니다.

저는 작은 마을 여행을 좋아하는데 반드시 동네 시장에도 가봅니다. 우리에게 잘 알려진 치즈 외에도 지역에서만 소비되는 숨겨진 보석 같은 치즈를 만날 수 있거든요. 의외의 발견이라도 하는 날이면 너무 즐거워 어쩔 줄을 몰라합니다.

큰 도시에 간다면 치즈 전문샵을 방문해보세요. 치즈 종류가 너무 많아 어떤 치즈를 사야 할지 고민스러울 거예요. 그럴 때는 PDO(원산지통제 명칭, 57p 참고) 마크에 의존하는 것도 좋은 방법입니다. 이들 중 다수가 한국에 수입되지 않고, 충분히 경험해볼 만한 가치가 있으니까요.

그런데 'PDO 마크가 있다면 이 치즈는 맛있다'일까요? 답은 'NO'입니다. PDO 마크는 '이 치즈의 맛은 원래 이렇다'를 국가가 담보한다는 의미예요.

이 책의 부록으로 실린 '프로마쥬 추천 치즈 39종' 목록을 참고해서 여행을 갔을 때 하나씩 도전해보세요.

프랑스와 캐나다 지역의 치즈샵

chapter 8

치즈&음료 페어링으로 분위기 살리기

좋은 페어링이란 무엇일까

저는 직업이 직업인지라 여러 치즈를 한자리에서 비교 테이스팅하는 경우가 잦아요. 그런데 아무리 맛있는 치즈도 가짓수가 많아지면 맛보기 자체가 힘든 일이 됩니다. 특히나 치즈의 기본적인 짠맛과 지방 함량으로 인해 입안을 정리해줄 음료가 간절해지죠.

그럴 때는 물보다는 단맛이 있는 과일주스나 따뜻한 차, 혹은 알코올이 든 술이 더 도움이 됩니다. 이것도 음료 페어링이라고 할 수 있죠. 치즈뿐만 아니라 우리가 음식을 먹을 때도 곁들이는 음료에 따라 더 맛있게, 더 많이 먹기도 하잖아요.

그러고 보니 코스별로 잘 어울리는 와인들을 글라스 페어링으로 준비해 제공하는 파인 다이닝도 많아졌습니다. 잘 짜인 메뉴와 와인 리스트는 식사의 결과를 보다 더 만족스럽게 만들어줍니다.

하지만 페어링은 사람마다 다르게 느낄 수 있기에 언제나 모호한 지점이 남는, 말 그대로 타인의 공감을 100퍼센트 얻어내기 어려운 미완의 과제입니다. 각자가 추구하는 완벽한 페어링의 기준이 다르잖아요.

더군다나 간혹 치즈와 와인 페어링을 할 때면 와인을 메인으로 생각하는 분은 치즈가 와인의 맛을 가린다고 불편해합니다. 그런 경우 저는 반대로 생각해보기도 해요.

'와인이 치즈의 맛을 더 부각시켜준다.'

추구하는 페어링 방향에 따라 과정과 결과에 대한 판단은 달라질 수 있어요. 제가 추구하는 좋은 페어링의 세 가지 기준을 말씀드릴게요.

첫째, 둘이 만나서 아주 둥글고 편안한 맛을 보여주는 조합
둘째, 어느 한 쪽이 다른 한 쪽을 조금 더 도드라지게 부각시켜주는 조합
셋째, 머릿속 예상과 전혀 다른 방향의 결과를 보여주는 의외의 조합 (좋든 나쁘든)

저는 사실 와인에서 시작해 치즈로까지 관심이 확장된 경우입니다. 와인이 맛있었고 다른 술에 비해 안주를 덜 먹어 부담이 적었죠. 한마디로 와인과 잘 맞아서 좋아했습니다.

그런데 와인도 종류가 너무 많고 가격 역시 천차만별이잖아요. 와인샵에 가면 어떤 와인을 사야 할지 몰라 난감했죠. 그러다 치즈 공부를 하면서 자연스럽게 와인 공부도 병행하게 되었습니다. 초창기만 해도 치즈는 와인에 더해서, 마치 와인 안주처럼 소개되는 경우가 많았거든요.

덕분에 저는 음식에 맞는 와인을 매장 직원의 도움 없이 구매해서 제법 괜찮은 페어링 결과를 내는 수준까지 올라왔습니다. 소믈리에가 아니어도 이것이 가능한 이유는 제가 모든 와인을 경험하지는 않았지만 치즈처럼 다양한 와인을 크게 분류해 그에 해당하는 대표 특징을 이해하고 있기 때문입니다.

프로마쥬 치즈아카데미에서는 치즈 클래스도 진행하지만 치즈 페어링 클래스도 정기적으로 열고 있습니다. 그런데 제가 모든 클래스에서

지키는 대원칙이 하나 있습니다. 바로 사용하는 치즈나 와인, 식재료를 어떤 의도를 가지고 정하지 않는다는 것입니다.

예를 들어 특정 수입사의 와인을 홍보해야 하는 상황일 때 페어링과 무관하게 치즈를 거의 끼워 맞추는 식의 진행을 해야 할 수도 있습니다. 그러면 억지스러운 스토리를 집어넣거나 작위적인 결과를 제시할 가능성이 커집니다. 그래서 자유로운 환경에서 페어링 대상을 선정하는 것이 중요해요. 저는 좋은 페어링이란 아무런 제약 없이 자유롭게 생각하고 맛보는 것에서부터 출발해야 한다고 여깁니다.

또 치즈&와인 페어링에서 고전적인 페어링 법칙이 하나 있는데요, 바로 '원산지를 일치시킨다'입니다. 기본적으로 태생이 같은 곳이라면 자연환경과 그에 따르는 미생물의 성격이 비슷하기에 어긋남이 적을 것이라는 생각입니다. 그래서 같은 지역에서 생산되는 치즈와 술을 매칭시키는데 실은 이 둘의 페어링 결과가 늘 좋기보다는 사람들이 재미있어하는 스토리를 풀어내기에 좋아서 선호하는 듯해요.

과거에는 지역 간, 국가 간 이동이 어려웠기에 보통 이 원칙을 맞춰 즐겼지만 오늘날처럼 무역이 활발한 상황에서는 조금 퇴색한 고전의 페어링 원칙이기도 하죠.

원산지 일치 페어링 법칙에 얽매일 필요도 없습니다.

치즈&음료 페어링 시 고려해야 할 다섯 가지

'치즈' 하면 바로 '와인'을 떠올리는 분이 많은 것 같아요. 앞에서도 말했지만 와인 안주로 치즈 플레이트가 유명해지면서 우리나라에서 치즈가 더 대중화된 것은 맞습니다.

하지만 시야를 살짝만 더 넓혀볼까요? 바쁜 아침 간편한 식사가 필요할 때면 치즈 한 조각에 따뜻한 커피 한 잔과 빵, 아이들 간식으로는 염도가 낮은 생치즈와 과일주스, 오후의 티타임을 풍성하게 해줄 티푸드로 치즈 한 조각, 든든한 저녁 식사의 마무리 디저트로 치즈와 와인, 하루를 마감하는 밤 시간 시원한 맥주 한 캔이 생각날 때는 배달 음식 대신 안주

같은 지역(프랑스 샹파뉴)에서 만들어지는 샴페인과 샤우르스치즈(좌),
블루치즈와 소테른 와인(우)

로 짭짤한 치즈는 어떨까요? 상황에 따라 치즈는 여러 음료와 함께 즐길 수 있습니다.

저는 실제 페어링을 할 때 머릿속으로 맛의 지도를 먼저 그립니다. 그때 다섯 가지 항목을 하나하나 따져봅니다.

가장 먼저 풍미에서 출발합니다. 치즈에서 느껴지는 풍미와 비슷하거나 어울리는 음료를 찾아내는 거죠. 그다음은 질감을 고려해요. 세 번째는 산미와 당도입니다. 치즈는 산미 있는 음료, 단 음료와도 잘 어울리기 때문입니다. 네 번째로 치즈는 맛의 강도에 따라 가볍고 무거운 정도를 따져볼 수 있는데 '약:약', '강:강'처럼 비슷한 무게감의 상대를 붙여봅니다. 권투 시합을 생각해볼까요? 선수의 체급에 따라 라이트급부터 헤비급까지 나눠서 시합을 하잖아요. 하지만 때로는 '약:강'처럼 서로 다른 무게감의 조합으로 의외의 결과를 낼 수도 있습니다. 마지막 고려사항은 상황입니다.

그럼 좀 더 구체적으로 설명해볼게요.

맛과 향이 어울리게, 풍미

은은하게 또는 강렬하게 느껴지는 치즈 고유의 풍미를 고려해서 비슷한 느낌의 음료를 매칭하면 서로 둥글게 맛이 어울리는 페어링을 찾아낼 수 있어요.

신선한 우유향과 부드러운 산미가 대표 특징인 생치즈는 각종 채소와 잘 어울리는데 와인에서도 그런 느낌을 좇아 쇼비뇽 블랑Sauvignon blanc 품종의 화이트와인을 선택하면 좋습니다. 시트러스 계열의 재료와도 궁합이 좋아 말려 만든 유자 알갱이차를 더하거나 홉이 많이 든 IPA 맥주가 시트러스향이 나서 페어링 시도를 많이 해봅니다.

참고로 홉의 쓴맛과 다소 강한 알코올이 생치즈를 만나면 부드러워지는 경향이 있으니 이것도 고려해주세요.

연한 허브향이 대표 특징인 염소젖 생치즈의 경우 캐모마일차를 따뜻하게 우려서 함께 즐겨볼 수 있습니다.

세척외피연성치즈 중 입문자용 치즈에서는 의외의 꽃향기가 나기도 하는데 이 경우 얼그레이차도 좋아요. 버터 풍미가 많이 나는 더블크림 연성치즈나 반경성치즈는 로스팅이 강하게 된 진한 커피와 잘 어울립니다.

르 브랭치즈에서는 은은한 꽃향기가 납니다.

입에서 어우러지는 질감

질감質感은 재질材質의 차이로 입에 넣었을 때 받는 질량감, 바디감을 말합니다.

버블이 매력적인 샴페인을 즐기려면 상대적으로 입안에서 겉도는 느낌의 단단한 치즈보다는 포슬포슬한 리코타치즈나 스프레드 타입의 치즈들이 좋아요. 또 탄산은 지방을 좀 더 가볍게 즐기도록 도와주기에 지방 함량이 높은 치즈와도 잘 어울립니다. 비슷한 맥락으로 프로세코Prosecco나 까바Cava 와인으로 대체해봐도 좋습니다.

살짝 끈적거리는 연성치즈는 약간의 탄산과 단맛이 도는 막걸리와 잘 어울리고 밥알이 든 식혜를 곁들여도 재미있습니다. 식혜는 시원하게 해서 마시는 것이 보통이지만, 금방 만들어 미지근한 식혜가 치즈와 더 잘 어울리는 경우도 있으니 참고해주세요. 밀도감 있게 꾸덕한 블루치즈는 진한 핫초코의 쌉싸름한 단맛과 잘 어울려요.

지방을 녹이고 짠맛을 중화시키는 산미와 당도

음식에서 신맛은 단독으로 사용하면 다소 부담스러울 수 있지만, 기름진 치즈와 만나면 빛을 발합니다. 기본적으로 치즈에는 단백질뿐 아니라 지방도 있어요. 와인의 기본 산미, 윗비어Witbier의 산뜻한 산미, 소비기한이 훨씬 지난 생막걸리의 날카로운 산미까지도 상황에 따라 좋은 결과를 가져옵니다.

단 음료를 의도적으로 쓰기도 하는데요, 커피라면 에스프레소에 설탕을 많이 넣어 치즈와 먹어보세요. 짠맛이 강한 치즈라면 단맛에 더욱 집중해서 독일 보크Bock 맥주, 더 강한 단맛의 소테른Sauternes, 포트 와인과 페어링하세요.

치즈와 와인 페어링에서 와인 종류를 하나만 선택하라고 한다면 저는 탄닌의 떫은맛이 없는 화이트와인을 안전한 선택지로 꼽습니다. 그중 약간의 잔당이 있는 리슬링Riesling과 함께 먹는 것을 특히 더 좋아해요.

치즈 고유의 특징을 나타내는 강도

치즈 고유의 특징이 얼마나 뚜렷하게 나타나는지에 따라 강도를 약함 → 강함으로 표현할 수 있어요. 풍미라면 맛과 향이 도드라지는 정도, 질감은 산뜻한 가벼움에서 묵직한 바디감까지, 또 숙성 기간이 길어짐에 따라 형성되는 맛의 깊이까지를 강도의 척도로 삼습니다. 치즈 분류별로는 생치즈 → 연성치즈 → 경성치즈 → 블루치즈 순으로 강도가 강해집니다.

치즈는 분류별로 강도가 어느 정도 정해져 있어서 클래스에서 치즈를 맛볼 때도 약한 치즈부터 강한 치즈로 강도를 자연스럽게 이동시킵니다. 하지만 같은 분류라도 막상 개별 치즈로 들어가면 종류에 따라 강도가 달라지기도 합니다.

또 다른 변수는 숙성 기간입니다. 숙성 8개월 꽁떼와 18개월 꽁떼는 같은 치즈이지만 강도는 18개월짜리가 훨씬 강합니다. 그래서 재차 말씀드리지만 페어링에서 어떠한 공식의 일반화는 언제나 예외 사항을 고려해야 합니다.

평상시 간식에서부터 공식 모임까지, 상황

공식적인 모임 자리라면 아주 섬세하게 페어링 코스를 계획해야겠죠. 하지만 평상시 우리는 마시고 남은 와인과 디저트를 치즈와 함께 먹는 경우가 많잖아요. 이럴 때는 페어링에 너무 연연할 필요는 없어요.

어느 날 아주 특별한 와인을 구매했다면 여기에 어울리는 치즈를 찾겠다고 고민해볼 수는 있지만 그냥 와인의 섬세한 맛과 향을 오롯이 즐겨보는 것도 좋아요. 특별히 좋은 치즈가 손에 들어왔을 때도 마찬가지이고요. 완벽한 페어링을 해보겠다고 어떠한 공식에 따라 테스트를 해보고 개인적인 확고한 신념을 바탕으로 결론을 내어보는 것도 충분히 의미 있지만, 그때그때 있는 재료를 활용해 자신만의 취향이 듬뿍 담긴 페어링을 경험하는 기쁨이 더 클 수도 있습니다. 숙제를 하듯이 페어링을 연구한다면 미식 생활의 기쁨을 방해할지도 모릅니다.

제가 말하고 싶은 결론은요, 굳이 페어링을 따지지 않더라도 좋은 친구와 함께한다면, 아니 혼자서도 충분히 치즈를 즐길 수 있다는 것입니다.

강도를 맞춘 페어링 사례

커피, 차, 와인, 맥주, 전통주, 초콜릿에서는 강도를 중요한 기준으로 삼아 구분합니다. 그러니 치즈+음료 페어링을 한다면 음료가 어떤 체급의 강도를 가졌는지 따져보는 것이 좋아요. 앞서 설명해드린 권투 시합에서의 선수 체급별 대진을 기억하시나요? 그에 맞춰 대표적인 치즈, 와인 대진표를 짜보았습니다.

[약:약] 모짜렐라+로제와인

강도가 약하고 상대적으로 둥근 맛의 치즈와 와인은 어떤 상대를 만나더라도 부딪치는 요소가 적어요. 나아가 종종 상대를 더욱 돋보이게 만들어주는 장점까지 지녔죠. 모나지 않은 둥근 성격이 만나면 아주 드라마틱한 감동은 없을 수 있지만, 그렇다고 최악의 결과가 나올 확률도 적어요.

[강:강] 블루 스틸턴+포트 와인

강한 블루치즈는 단맛의 음료와 잘 어울려요. 특히 페어링이 어려운 알코올 도수가 높은 술과도 좋은 짝이 됩니다. 강 대 강의 빅매치는 화려한 퍼포먼스로 강렬한 인상을 남겨요. 같은 원리로 강한 치즈의 상대로 알코올 도수가 높은 증류주를 고려해볼 수 있어요. 하지만 지극히 개인적인 제 취향으로 증류주는 순수 알코올로 즐기는 것이 가장 좋다는 의견입니다. 참고만 해주세요.

[약:강] 마스카르포네+스타우트

일반적인 페어링에서 강도가 정반대인 상대를 지목하는 경우는 생각보다 많지 않아요. 그래서 지극히 개인적으로 추천드리는 페어링으로 이 둘의 만남은 치즈가 맥주를 아주 동글동글 부드럽게 목넘김하도록 입안에서 도와줍니다. 마치 진한 에스프레소에 우유를 섞은 것처럼요.

[강:약] 고르곤졸라 피칸테+토론테스

날카로운 맛의 고르곤졸라는 의외의 상대와 좋은 조합을 보이기도 합니다. 바로 아르헨티나 토론테스 품종의 와인인데요, 달콤한 꽃향기가 고르곤졸라와 만나 더욱 화사한 느낌으로 변합니다. 이때 멘도자와 산후안처럼 따뜻한 지역에서 만든 살짝 달콤한 스타일의 토론테스가 있다면 결과는 더 좋답니다.

[중:중] 꽁떼 6개월+우롱차

강한 탄닌을 가진 와인은 치즈와 함께 먹기 부담스러울 수 있어요. 하지만 적절한 탄닌은 치즈의 느끼함을 살짝 정리해주는 역할을 합니다. 녹차의 카테킨도 비슷해요. 호불호가 적은 반경성, 경성치즈들은 카테킨의 양이 상대적으로 적은, 그렇지만 일정량은 있는 우롱차와 즐기면 부드러운 어울림을 맛볼 수 있습니다.

[응용 1 약:약] 숙성 3개월 고다+핸드 드립 커피

[응용 2 강:강] 숙성 12개월 고다+에스프레소

커피도 생두의 원산지, 배전도, 입자감, 온도나 추출 도구 등에 따라 모두 다른 맛을 낸다고 하죠? 동일 원두를 사용한다고 가정하고 극단적으로 다른 강도를 만드는 커피 추출 방식에 숙성 기간이 다른 치즈의 페어링을 보여드리는 예입니다.

치즈의 아로마를 느낄 수 있는 디퓨저입니다.
치즈향 샘플이 들어 있어서 시향해볼 수 있어요.
(사진 촬영 장소 : 스위스 '그뤼에르의 집' La Maison du Gruyère)

2017년 이탈리아 치즈 축제 여행

2년에 한 번, 홀수 연도 9월에 이탈리아 북동쪽의 작은 마을 브라에서는 슬로푸드 협회에서 주최하는 치즈 축제가 열립니다.

2017년, 그동안 말로만 들어왔던 이탈리아 치즈 축제를 벼르고 벼르다가 마침내 찾아가게 되었어요. 좋은 여행은 좋은 친구와 함께할 때 더 의미 있고 재미있잖아요. 저 포함 4명이 말 그대로 치즈에 의한, 치즈와 함께, 치즈를 위해 의기투합하여 모였습니다. 당시 캐나다 토론토에서 치즈샵을 운영한 이본Yvonne(한국인이세요)은 제 블로그를 늘 들여다봐주시며 저의 행보를 응원해주시고 혹시라도 제가 틀린 정보를 게시하면 비밀 댓글로 살짜쿵 알려주시던 배려 넘치는 고마운 분이십니다. 이본 덕택에 2015년에 캐나다로 치즈 연수도 다녀올 수 있었어요. 여기에 지금은 작고한 제 치즈 선생님 '보떼가젤라또'의 배주희 셰프님과 한국치즈아트프로마제협회 회장님이 함께했습니다.

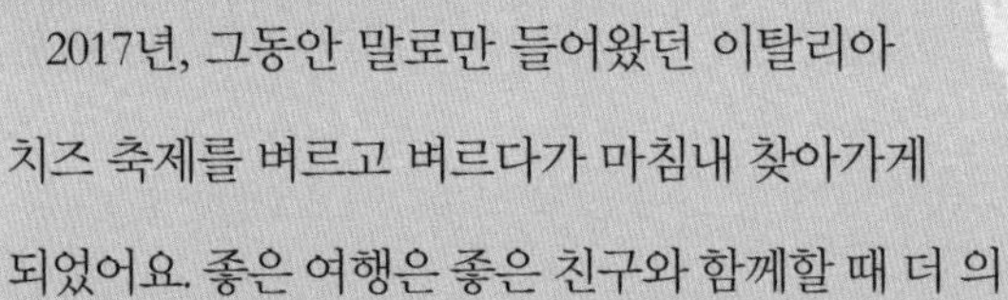

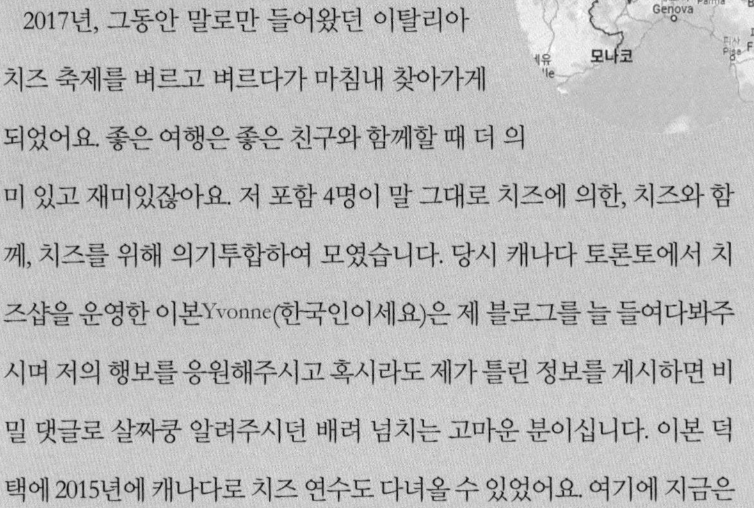

보통의 지역 축제들을 가보면 단순 볼거리와 먹거리들로만 가득한 경우가 많은데 브라는 그 이상이었어요. 세계적으로 잘 알려진 치즈공방과

제조자, 치즈샵, 치즈와 관련된 많은 전문가가 모여 거리마다 활기가 넘쳤습니다.

치즈를 주제로 한 다양한 세미나 역시 행사 기간 동안 모두 가보기가 어려울 정도로 많았는데 누구나 자유롭게 참여할 수 있었던 것이 가장 좋았어요. 그동안 책에서만 봐왔던 치즈들을 더 많이 보고 깊이 즐길 수 있었고 치즈 하나로 이렇게 세계 각국의 다양한 사람들을 만나는 것도 무척 기뻤답니다.

그리고 별도의 시간을 내어 인근 지역의 목장과 치즈공방을 방문했을

이미지 출처: 슬로푸드 공식 홈페이지 slowfood.com

때는 그들의 수고로움과 직업에 대한 자부심을 크게 느낄 수 있었어요.

그동안 봐왔던 행사들과는 사뭇 다른 프로그램, 운영 시스템, 참여자, 현장 세팅 등을 둘러보면서 많은 영감을 받을 수 있었고, '한국에서도 이런 치즈 축제를 열면 좋겠다'고 나름의 장기 목표를 세우기도 했습니다.

매일 새로운 치즈를 경험하고 좋은 친구들과 함께 치즈뿐 아니라 다양한 슬로푸드를 오롯이 즐겼던 이탈리아 치즈 여행은 제 생애 가장 행복하고 충만했던 순간으로 지금까지도 기억합니다.

치즈공방 견학과 그곳에서 맛본 최고의 컨디션의 치즈

Great Hall of Ch

chapter 9

치즈&푸드 페어링으로 풍성하게 즐겨요

프로마쥬가 제안하는 치즈+푸드 페어링 일반 공식

이번에는 치즈와 어울리는 음식에 대해 알아볼게요. 카프레제를 다시 한 번 떠올려볼까요? 이 요리는 생모짜렐라에 토마토와 바질을 더해 만든 샐러드예요. 바질의 초록, 치즈의 흰색, 토마토의 빨강이 어우러진, 이탈리아 국기 색의 조합입니다. 이 셋의 어울림에 이견을 제기하는 분이 과연 있을까요? 저는 이 요리가 너무나도 잘 어울리는 치즈+푸드 페어링의 대표적인 예라고 생각합니다. 특별한 조리 없이 식재료 조합만으로 색뿐만 아니라 맛에서 완벽한 치즈 요리입니다.

페어링 파트로 들어가면 수강생분은 '그래서 결론은?'이라는 표정으로 저에게 정리된 답을 물어오세요. 하지만 '이 치즈와 이 식재료'라는 식의 고정된 페어링 공식이 늘 좋은 결과를 가져오지는 않아요.

실제 치즈의 가장 좋은 짝꿍 하나를 꼽으라면 저는 꿀이라고 자신 있게 말씀드릴 수 있어요. 기본적으로 짭짤한 치즈는 달콤한 꿀을 더한다면 단짠의 매력을 충분히 느낄 수 있거든요.

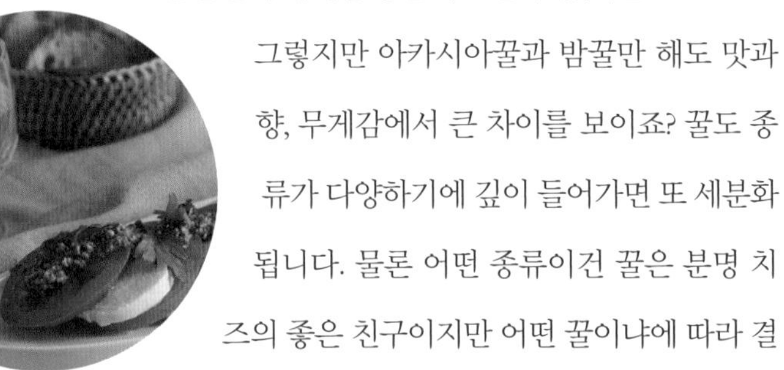

그렇지만 아카시아꿀과 밤꿀만 해도 맛과 향, 무게감에서 큰 차이를 보이죠? 꿀도 종류가 다양하기에 깊이 들어가면 또 세분화됩니다. 물론 어떤 종류이건 꿀은 분명 치즈의 좋은 친구이지만 어떤 꿀이냐에 따라 결

과값이 달라질 수 있으니 페어링 결과를 일반화하면 당연히 오류가 생길 수밖에 없어요.

그래서 저는 페어링을 더 구체적으로 제시합니다. 그래야만 페어링 결과에 여러분도 공감해줄 테니까요. '블루치즈와 꿀'이 아닌 '고르곤졸라와 밤꿀'로요. 그럼에도 기준은 필요하기에 프로마쥬가 제안하는 치즈+푸드 페어링의 일반화된 공식을 소개해볼게요.

프로마쥬 치즈+푸드 페어링 기본 공식

치즈	식재료	잼
생치즈	올리브오일, 후추, 시나몬, 코코아, 토마토, 오이, 당근, 올리브, 루꼴라, 발사믹, 바질, 민트, 꿀, 고추, 수박, 오레가노, 모르타델라, 블루베리, 오렌지, 레몬, 무화과, 고추냉이, 젓갈, 쑥갓, 키위, 시소, 타임	얼그레이잼, 라즈베리&초콜릿잼
흰색외피 연성치즈	사과, 딸기, 라즈베리, 캐슈넛, 호두, 양파, 버섯, 마늘, 넛맥, 베이컨, 김	사과잼, 딸기잼, 라즈베리잼
세척외피 연성치즈	머스터드, 후추, 시나몬, 감자, 고구마, 호박, 뱅쇼, 로투스 쿠키, 세이지, 산초, 살지촌, 캐러웨이	로제와인잼, 무화과잼
반경성 경성치즈	아몬드, 땅콩, 곶감, 프로슈토, 하몽, 헤이즐넛, 잣, 발사믹, 건어물, 밤	밤&배잼, 레드와인잼
블루치즈	초콜릿, 밤꿀, 초리조, 건포도, 대추야자, 배, 단감, 건자두, 체리, 셀러리, 건무화과, 바나나, 망고, 수박, 로즈마리, 표고버섯, 호두, 피칸, 육포, 소고기, 양고기, 빵데피스	라즈베리&초콜릿잼
염소젖치즈	청포도, 라즈베리, 무화과, 셀러리, 살구, 로즈마리, 차이브, 딜, 훈제연어, 케이퍼, 살구	화이트와인잼

꿀 다음으로 좋은 치즈의 짝꿍은 잼이에요. 요즘에는 단순한 과일 잼을 넘어 요리스러운 느낌의 잼도 많이 보여서 페어링이 더 재미있어졌어요. 이 역시 표를 참고하세요.

분류별 치즈와 어울리는 식재료에는 아주 많은 변수가 작용합니다. 과일이라면 익은 정도와 당도, 잼이라면 브랜드별 맛이나 질감이 모두 다르기 때문이에요. 양도 큰 변수로 작용합니다. 요리에 소금이 얼마나 들어가느냐에 따라 맛이 크게 변하는 것을 이미 모두 잘 아시잖아요. 그래서 서로의 어울림을 위해 입안에서의 양을 가감해보는 시도가 무척 중요합니다.

가장 좋은 방법은 제가 치즈와 식재료의 양을 적절히 현장에서 알려드려 맛있게 맛보게 해드리는 거겠죠? 기회가 된다면 프로마쥬 클래스룸에서 뵐게요.

다음은 각각의 치즈별로 좋은 페어링 결과를 보여주었던 제 경험의 이야기들이에요. 누군가는 이 맛의 조합에 격하게 공감하겠지만, '나는 별로인데'라고 하실 분도 계실 거예요. 모두의 취향과 입맛은 다르니까요.

크게 네 분류로 나누어 설명할게요.

- 작은 요소로 큰 변화를 선사하는 생치즈 페어링
- 뜻밖의 반전을 보여주는 연성치즈 페어링
- 모두를 뒷받침해주는 여유, 반경성/경성치즈 페어링
- 까칠하지만 확고한 취향 선택, 블루치즈 페어링

작은 요소로 큰 변화를 선사하는 생치즈 페어링

순백색의 우유에 검은색 잉크 한 방울을 떨어트리면 그 파장이 엄청나죠? 하얗고 순수한 매력의 생치즈에는 어떠한 재료를 더해도 즉각적인 효과를 충분히 누릴 수 있답니다.

모짜렐라+시나몬

2017년 이탈리아 치즈 축제 여행을 갔을 때 묵었던 숙소는 알고 예약한 것이 아니었는데 운이 좋게도 조식 맛집이었답니다. 호스트분이 조식을 엄청 푸짐하고 거창하게 한 상 차려주셨는데, 저희 일행은 전날 사두었던 버팔로 생모짜렐라를 함께 먹으려고 꺼냈어요. 그 모습을 지켜보던 호스트는 우리 지역에서는 모짜렐라에 시나몬 파우더를 뿌려 먹는다며 가져다주셨습니다.

세상에나! 이건 마치 시나몬 파우더를 뿌린 차가운 카푸치노를 먹는 것 같았어요.

신선한 우유향이 가득한 생치즈는 백지 상태의 도화지 같아서 사실 그 어떤 재료를 더해도 좋은 결과들을 보여줍니다. 응용해서 저는 코코아 파우더도 시도해봤는데 매우 익숙한 맛을 느낄 수 있었습니다. 우리가 카페에서 디저트로 즐기는 티라미수 있죠? 그 케이크는 마스카르포네치즈가 듬뿍 들어가는데 마지막 터치로 코코아 파우더를 위에 올립니다. 이렇게 치즈와 코코아 파우더는 좋은 짝이죠.

이미 우리에게 익숙한 음식에서 하나의 재료와 하나의 치즈를 분리해 따로 맛보는 것으로도 제법 많은 페어링 결과물을 얻을 수 있어요.

부라타+올리브오일, 후추

수란처럼 부드럽고 연약한 질감의 부라타에 아주 간단하게 향긋한 올리브오일과 후추만 살짝 뿌려보세요. 올리브오일이 치즈의 부드러움을 더욱 끌어올리고, 자칫 느끼할 수 있는 맛을 후추가 정리해줍니다. 지방이 많은 치즈에 후추처럼 매운맛을 더해 좋은 결과를 보여주는 또 다른 식재료로 루꼴라, 고추냉이가 있습니다.

리코타+메이플시럽, 배

담백한 리코타치즈에 꿀만 더해도 멋진 디저트가 됩니다. 꿀도 충분히 좋지만 리코타에 더 잘 어울리는 친구는 바로 메이플시럽이에요. 시럽을 듬뿍 더해서 아삭한 식감의 배와 함께 드셔보세요.

리코타는 요리에 활용하기 참 좋은 치즈인데요, 우리가 만두소를 만들 때 두부를 으깨 다른 재료와 섞듯이 이탈리아는 리코타와 시금치를 섞어 라비올리의 속을 채운답니다. 사람 사는 모습은 어디나 다 비슷한가 봐요.

매년 크리스마스이브에 저는 가족들을 위해 라자냐를 준비합니다. 라자냐는 얇게 밀어 넓적한 직사각형 모양으로 자른 반죽을 다른 재료와 함께 층층히 쌓아 오븐에 구운 요리입니다. 우스갯소리로 3시간 걸려 만들어서 3분 만에 먹어치우는 요리라고 하는데 과정이 번거롭지만 개인적으로 참 좋아해요. 이 녀석을 어떻게 하면 좀 간편하게 만들까 고민하다가 저는 과감히 흰색 소스의 대명사인 베샤멜소스를 포기하고 대신 리코타치즈를 넣습니다. 비슷한 효과를 내주거든요.

프로마쥬 블랑+레몬필, 꿀, 딸기

주로 디저트를 만들 때 사용하는 프로마쥬블랑은 지방 함량은 적고 산미가 강해 생치즈인데도 단독으로 먹기는 부담스러울 수 있어요. 저희 엄마는 오이무침을 만들다가 실수로 식초를 많이 넣어 신 맛이 강할 때면 설탕을 추가로 넣어 맛의 균형을 맞추셨어요. 프로마쥬 블랑의 신맛도 꿀의 단맛으로 잡을 수 있습니다. 여기에 상큼한 레몬필을 더하면 고급스러운 디저트가 완성돼요. 딸기철이 되면 저는 늘 프로마쥬 블랑과 레몬을 준비합니다.

페타+수박, 페타+오이고추, 페타+민트, 페타+오레가노

여름을 알리는 수박이 보이면 페타치즈가 떠오릅니다. 물 많고 시원한 수박을 큐브로 잘라 올리브오일을 아주 듬뿍 뿌리고 페타치즈를 잘게 부셔서 섞으면 별미거든요. 치즈의 짠맛 때문에 저절로 간이 되어서 다른 소스가 없어도 그 자체로 충분합니다.

또 하나 오이고추와의 조합도 추천합니다. 아삭한 식감의 고추를 반 갈라 씨를 제거하고 잘게 부순 페타치즈로 그 속을 채워요.

여기에 올리브오일은 있어도 좋고 없어도 좋습니다.

민트와 오레가노로 두 가지 버전의 샐러드도 만들죠. 생민트를 잘게 다져 넣으면 청량감 넘치는 샐러드가 되고, 말린 오레가노를 듬뿍 넣으면 허브향 가득한 샐러드를 만들 수 있어요. 페타치즈는 저에게 여름 그 자체예요.

샤브루+셀러리, 샤브루+훈제연어

염소젖 생치즈는 섬세한 허브향과 산미가 특징입니다. 톤을 맞춰 각종 허브를 더하고 채소 스틱을 만들면 아주 맛있는 애피타이저가 되죠. 저는 보통 딜, 차이브, 로즈마리, 타임을 사용합니다. 염소젖치즈와 셀러리도 함께 드셔보세요. 이 둘을 싫어하지 않는 분이라면, 한입 먹는 순간 이 페어링을 소개한 제가 생각날 겁니다.

염소젖치즈는 특유의 맛과 향 때문에 호불호가 있어서 좀 더 맛있게 드실 방법을 여러 가지 알려드리고 싶은데요, 치즈+올리브오일+허브, 치즈+훈제연어+케이퍼, 치즈+샤인머스캣 조합을 추가로 추천합니다.

뜻밖의 반전을 보여주는 연성치즈 페어링

페어링 결과만 놓고 봤을 때 예측과는 다른 반전의 매력을 보여주는 연성치즈들이에요.

까망베르+사과쨈

까망베르치즈의 원산지인 프랑스 노르망디 지역은 사과 생산지로도 유명합니다. 그래서 까망베르와 사과의 페어링을 자주 볼 수 있는데요, 술 페어링으로 확장하면 사과로 만든 발효주 시드르cidre와 증류주인 칼바도스Calvados까지 연결됩니다. 까망베르는 기본적으로 사과와 잘 어울리지만 더 좋은 페어링은 사과쨈이에요. 응축된 과일의 단맛과 치즈의 어울림이 생과 이상으로 좋아요. 개인적으로 꿀 다음으로 가장 좋은 치즈의 친구로 사과쨈을 추천합니다.

생 앙드레+라즈베리, 생 앙드레+트러플

크림이 세 배 더 추가된 녹진한 맛의 생 앙드레는 유난히 고급스러운 디저트 같은 치즈예요. 정말 맛있지만 먹다 보면 질릴 수도 있는데 이때 필요한 것이 라즈베리쨈입니다. 상큼한 단맛의 쨈이 느끼한 지방을 딱

끊어주어 물리지 않고 계속 맛있게 먹도록 도와주죠. 딸기, 라즈베리, 체리와도 잘 어울립니다. 이런 리치한 치즈에는 트러플 페이스트를 더해서 먹으면 훨씬 고급스러운 맛으로 즐길 수 있어요.

브레스 블루+양파, 브레스 블루+소고기

치즈의 겉은 흰 곰팡이, 속은 푸른곰팡이가 자리하는 연성치즈인 브레스 블루는 프라이드 반, 양념 반 같은 반반 치즈예요. 프라이팬에 버터를 녹이고 두껍게 슬라이스한 양파를 넣어 앞뒤로 구운 다음 치즈를 잘라 올려둡니다. 구운 양파의 잔열로 치즈가 살짝 녹으면서 녹진한 맛이 피어나요. 여기에 구운 호두를 잘게 부셔서 토핑하고 칼로 슥슥 잘라 스테이크처럼 드셔보세요. 고기를 좋아하시는 분은 양파 대신 두툼한 소고기를 구워서 곁들여도 좋습니다.

마루왈+홀그레인 머스터드, 호밀빵

외피를 소금물로 닦아 만든 연성치즈들은 밀로 만든 부드러운 빵보다 다소 거친 호밀빵이 더 잘 어울립니다. 여기에 홀그레인 머스터드를 바

른 후 마루왈치즈를 얇게 썰어 넣어 샌드위치를 만들고 사워한 스타일의 맥주와 함께 즐기면 든든한 한 끼가 됩니다.

마루왈치즈 생산지는 과거 광산으로 유명한 지역이에요. 탄광에 한 번 들어가면 제대로 된 식사를 챙기기 어려웠던 광부들이 종종 마루왈치즈 샌드위치로 끼니를 해결했답니다. 더불어 벨기에 국경과 인접한 지역이라 쉽게 구할 수 있는 맥주도 함께했죠. 실제로 이렇게 먹으면 제법 맛있고 든든해요.

에뿌아쓰+고구마(감자), 후추, 시나몬

추운 겨울날 광화문의 어느 와인바에 갔는데 홀 중앙에 있는 화목 난로에서 군고구마를 구워 테이블마다 서비스로 주시더라고요. 때마침 주문했던 치즈 플레이트가 나왔는데 놀랍게도 에뿌아쓰치즈가 있었고요. 세척외피연성치즈들은 감자나 고구마와 잘 어울려요. 더군다나 최고의 조미료는 불맛! 불내음 가득한 따뜻하고 달달한 고구마에 에뿌아쓰를 살짝 녹여가며 먹으니 와인을 추가로 주문할 수밖에 없었답니다.

잘 숙성된 에뿌아쓰에서는 고기의 뉘앙스도 찾아볼 수 있어요. 평소 우리가 고기 요리에 사용하는 후추를 치즈에 살짝 뿌리면 일순간 치즈가 아주아주 훌륭한 요리로 바뀝니다. 기본적으로 향신료와 잘 어울리기 때문인데 큐민, 팔각, 정향, 계피도 곁들여보세요.

하나 더 응용해보면, 카페에서 종종 볼 수 있는 로투스 쿠키 아시나요? 이 쿠키를 만들 때 계피가 들어가 에뿌아쓰와 의외로 잘 어울린답니다.

모두를 뒷받침해주는 여유, 반경성/경성치즈 페어링

어떤 페어링 식재료를 준비해도 크게 어긋남이 없는 배포가 큰, 형님 같은 치즈라고 할까요? 그래서 늘 믿음직스럽습니다.

만체고+헤이즐넛, 푸룬, 멤브리요

양젖으로 만든 만체고는 헤이즐넛이나 푸룬과 함께 즐기면 좋아요. 스페인에 가면 꼭 먹어봐야 할 멤브리요와 페어링하기에도 좋습니다. 멤브리요는 서양의 모과라 불리는 퀸스로 만든 페이스트 혹은 젤리인데요, 향긋하고 산미가 높아 지방 함량이 높은 양젖치즈와 자주 함께 먹습니다.

가운데 붉은색이 스페인에서
즐겨먹는 모과 젤리 멤브리요예요.

아펜젤러+땅콩

치즈 짝꿍으로 자주 등장하는 견과류와 건과일은 사실 어떤 종류와 연결해도 만족스러운 결과를 보여줍니다. 반경성치즈나 경성치즈에서는 견과류와 과일향을 종종 느낄 수 있는데, 비슷한 맥락의 재료를 더하는 것에서 페어링이 출발하기 때문이죠. 저는 개인적으로 건포도를 가장 좋아합니다. 땅콩을 치즈와 함께 먹는 것 역시 무척 좋아해요.

고다+커피

제 취향인데요, 저는 어린 고다보다는 숙성이 5개월 이상 진행된 단단한 고다치즈를 더 좋아합니다. 이 치즈를 가장 맛있게 즐기는 저만의 간단한 방법을 소개합니다. 아침 식사 준비 때 가장 먼저 고다를 꺼내 몇 조각 잘라 상온에 두었다가 따뜻하게 내린 커피와 같이 먹는 거예요. 빵이 있으면 좀 더 든든하겠지만, 고다와 커피만으로도 이미 충분합니다. 입안의 고다치즈가 커피를 만나면 버터향이 폭발하는 걸 경험하실 수 있어요. 마지막에 남는 연한 단맛까지도 한껏 즐기세요.

파르미지아노 레지아노+발사믹, 파르미지아노 레지아노+파인애플

평소 냉장고에 늘 구비해두는 이 치즈는 요리 활용도가 높고, 온전히 치즈만을 즐기기에도 너무나 훌륭하죠. 집에 갑작스럽게 손님이 방문해도 술안주 걱정이 없답니다. 치즈를 작게 잘라 발사믹을 똑똑 떨어뜨려서 내기만 해도 훌륭한 치즈 플레이트가 되거든요. 이 치즈에는 단맛도 잘 어울리지만 발사믹의 산미가 더해지면 물리지 않고 끝까지 맛있게 먹을 수 있어요. 가끔 포장지를 뜯을 때 파르미지아노 레지아노에서 달큰한 파인애플향을 맡을 수 있어요. 그래서 골든 파인애플을 자른 뒤 그 위에 파르미지아노 레지아노를 수북하게 담고 핑크 페퍼Pink pepper와 함께 드시면 신세계를 경험하실 거예요.

그뤼에르+양파, 베이컨

사실, 그뤼에르치즈 자체가 워낙 맛있고 훌륭해서 그냥 먹어도 좋아요. 그렇지만 여러분은 페어링에 관심이 많으시죠? 이번에도 어쩔 수 없이 또 등장하는 꿀! 그 정도로 꿀은 정말 치즈와 함께 먹기 좋아요. 요리하기 귀찮은 날, 냉장고에 그뤼에르치즈가 있다면? 식빵 위에 그뤼에르치즈를 잘라 얹고 치즈가 녹을 정도로만 전자레인지에 돌립니다. 마무리로 꿀을 뿌려서 드세요.

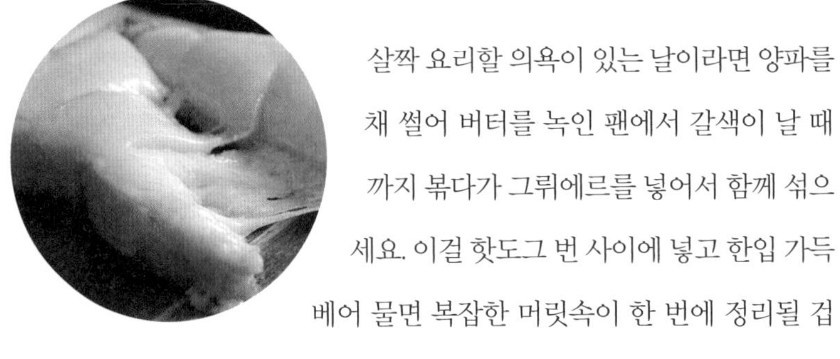

살짝 요리할 의욕이 있는 날이라면 양파를 채 썰어 버터를 녹인 팬에서 갈색이 날 때까지 볶다가 그뤼에르를 넣어서 함께 섞으세요. 이걸 핫도그 번 사이에 넣고 한입 가득 베어 물면 복잡한 머릿속이 한 번에 정리될 겁니다. 당연히 맥주 한 잔이 생각나겠죠? 베이컨을 추가해도 좋아요.

까칠하지만 확고한 취향 선택, 블루치즈 페어링

블루치즈 페어링은 제한적이고 어렵지만, 제대로 짝을 지어주면 그 누구도 거부할 수 없는 공감 100퍼센트 만족도를 보여주는 친구들이에요.

고르곤졸라+바나나

늦은 시각까지 야근하던 어느 날, 배가 너무 고파서 냉장고를 뒤져보니 치즈 클래스 때 사용하고 남은 치즈들과 껍질이 시커멓게 변한 바나나가 하나 있었습니다. 바나나가 이쯤 되면 물컹거리고 단맛이 엄청나죠. 바나나의 짝꿍으로 제가 선택한 치즈는 바로 고르곤졸라! 이 둘을 함께 먹으면 입안에서 그야말로 싸움이 일어납니다. 강한데 짠맛도 센 고르곤졸라와 단맛에 향이 강한 바나나. 둘 중 누구 하나도 지지 않고 끝까지 싸우며 강 대 강의 강렬한 매칭을 보여줍니다. 꼭 한 번 시도해보세요.

블루 도베르뉴+초콜릿, 블루치즈+마스카르포네+로즈마리

블루치즈와 초콜릿도 궁합이 아주 좋습니다. 쌉싸름한 다크 초콜릿을 그대로, 혹은 녹여서 치즈에 더해 맛보면 심플하지만 강렬한 맛의 디저트가 됩니다. 산미가 도드라지는 라즈베리가 포함된 초콜릿잼을 페어링해봐도 마음에 드실 거예요.

강한 맛의 블루치즈에는 그에 대적할 만한 강한 상대를 붙이는 것이 보통입니다. 하지만 서로 체급이 다른 상대를 만나보는 것도 재미있을 거예요. 블루치즈가 부담스럽다면 마스카르포네나 다른 일반 크림치즈를 섞어 드셔보세요. 지방이 많은 스프레드 타입의 치즈를 섞으면 훨씬 부드럽고 온화하게 블루치즈를 맛볼 수 있어요. 여기에 로즈마리를 다져 넣으세요. 아주 매력적인 맛의 조화를 보여줍니다.

블루 스틸턴+밤꿀, 견과류, 건과일

블루치즈의 영원한 짝꿍 역시 꿀입니다. 이때 일반 꿀보다 향이 강한 밤꿀을 준비해보세요. 센 놈에게 그에 맞는 센 놈을 붙이면 제법 볼 만한 게임이 될 테니까요. 정성을 조금 더해 호두와 건포도를 살짝 다져서 같이 준비해도 좋겠습니다.

푸름 당베르+표고버섯

어느 날 지인이 운영하는 델리샵에 놀러 갔는데 전날 시골에서 수확한 큼지막한 표고버섯을 버터를 녹인 팬에 구워 먹더라고요. 때마침 제 손에는 선물로 들고 간 푸름 당베르치즈가 있었고요. 따뜻한 기운이 아직 남은 표고버섯 위에 치즈를 잘라 올려서 살짝 녹여 함께 먹었답니다. 입안에서 표고버섯과 블루치즈의 잔향이 오래도록 남더라고요. 스테이크도 구워 푸름 당베르치즈를 올려 먹으면 다른 소스가 필요 없어요.

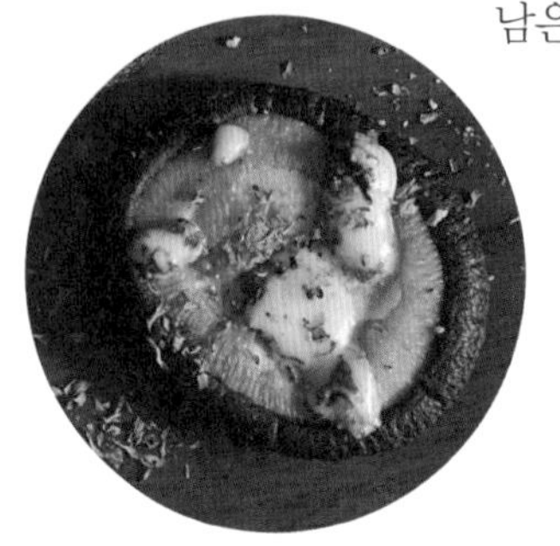

나만의 페어링에 도전하기

무수히 많은 치즈를 모두 먹어보지 않았더라도 우리는 앞서 배운 분류법으로 치즈를 어느 정도 구별할 수 있고 각각의 특징과 풍미를 대략 예측

할 수 있습니다. 아래 그림처럼 생치즈에서는 신선한 우유맛, 염소젖치즈는 섬세한 허브향, 흰색외피연성치즈는 버섯향, 세척외피연성치즈는 육향, 단단한 치즈에서는 견과류 뉘앙스를 찾아볼 수 있죠.

저희 엄마는 버섯 반찬을 만들 때면 늘 양파를 채 쳐서 함께 볶아주셨어요. 대표적인 흰색외피연성치즈 까망베르는 버섯향으로 유명하죠? 이 치즈 역시 양파와 잘 어울려요. 저는 새로운 치즈를 맛보는 순간 머릿속으로 먼저 익숙한 식재료와 연결시켜봅니다. 실제로 뉘앙스가 비슷한 식재료를 페어링하면 제법 좋은 결과를 얻습니다. 물론 아닐 때도 있고요. 결론은, 해봐야 압니다! 여기 소개한 페어링 공식을 떠올리며 나만의 페어링에 도전해보세요.

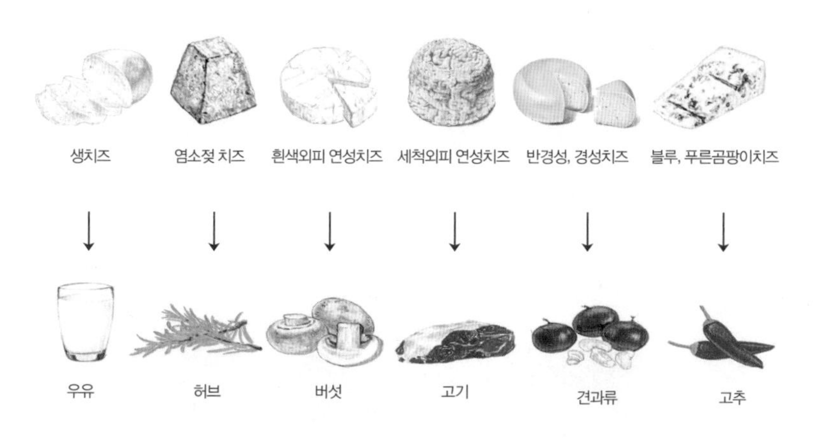

비동물성 치즈를 즐기는 날이 올까

제가 치즈 일을 본격적으로 시작하고 얼마 뒤, 채식 커뮤니티와 관련된 전문가를 만날 기회가 생겼어요. 그날 이후 저 또한 채식에 관심이 많아지면서 또 다른 의미에서의 비극이 시작되었답니다.

기존에 제 관심이 온통 치즈에만 집중되어 있었다면 이를 계기로 치즈를 만드는 원료유, 원료유를 제공하는 가축, 가축의 사육환경, 나아가 환경문제까지 사고가 확장되었습니다. 그러면서 낙농업과 축산업의 탄소 배출량이 생각보다 엄청나다는 것도 알게 되었죠. 2020년 9월 그린피스의 보고서에 따르면, 유럽 내 축산농가와 사료용 농작물 재배에 따른 이산화탄소 배출량을 포함하면 약 7억 톤에 이르고, 이것은 유럽연합 국가의 자동차가 배출하는 약 6억 5,600톤보다 많다고 합니다.

이 사실을 알고는 이렇게까지 해서 치즈를 먹어야 하나 같은 근본적인 의문이 생겼고, 직업에 대한 고민으로 이어졌습니다. 하지만 이미 제 인

생에서 치즈는 포기할 수 없는 존재가 되었기에 솔직히 말하면 환경 이슈에는 눈을 감겠노라 생각했어요.

그럼에도 사회 분위기가 점차 친환경적인 이슈에 집중되면서 저도 지속적으로 이 주제를 고민해오고 있습니다. 최근 치즈 수입사에서는 식물 기반Plant based 치즈를 수입하기 시작했어요. 유제품 없이 코코넛오일, 전분, 대두 식이섬유와 같은 식물성 재료들로만 만든 치즈들이죠.

미국의 대체우유 전문 기업은 인공유를 개발해 아이스크림, 치즈를 만드는데 맛이 기대 이상이라고 합니다. 국내 대기업도 관련 기업에 대규모 투자를 하는 등 미래형 먹거리 산업에 집중하는 분위기인 것 같아요.

이런 상황에서 앞으로 치즈 산업의 지형도가 어떻게 변화할지, 저의 가치관과 포지션은 어떻게 달라져야 할지 고민이 많아진 시점입니다.

'나는 쓰레기보다 풀을 더 좋아한다'라는 팻말을 들고 있는 소.
가축의 사육환경도 중요합니다.

chapter 10

나만의 치즈 플레이트 만들기

CHAUMES

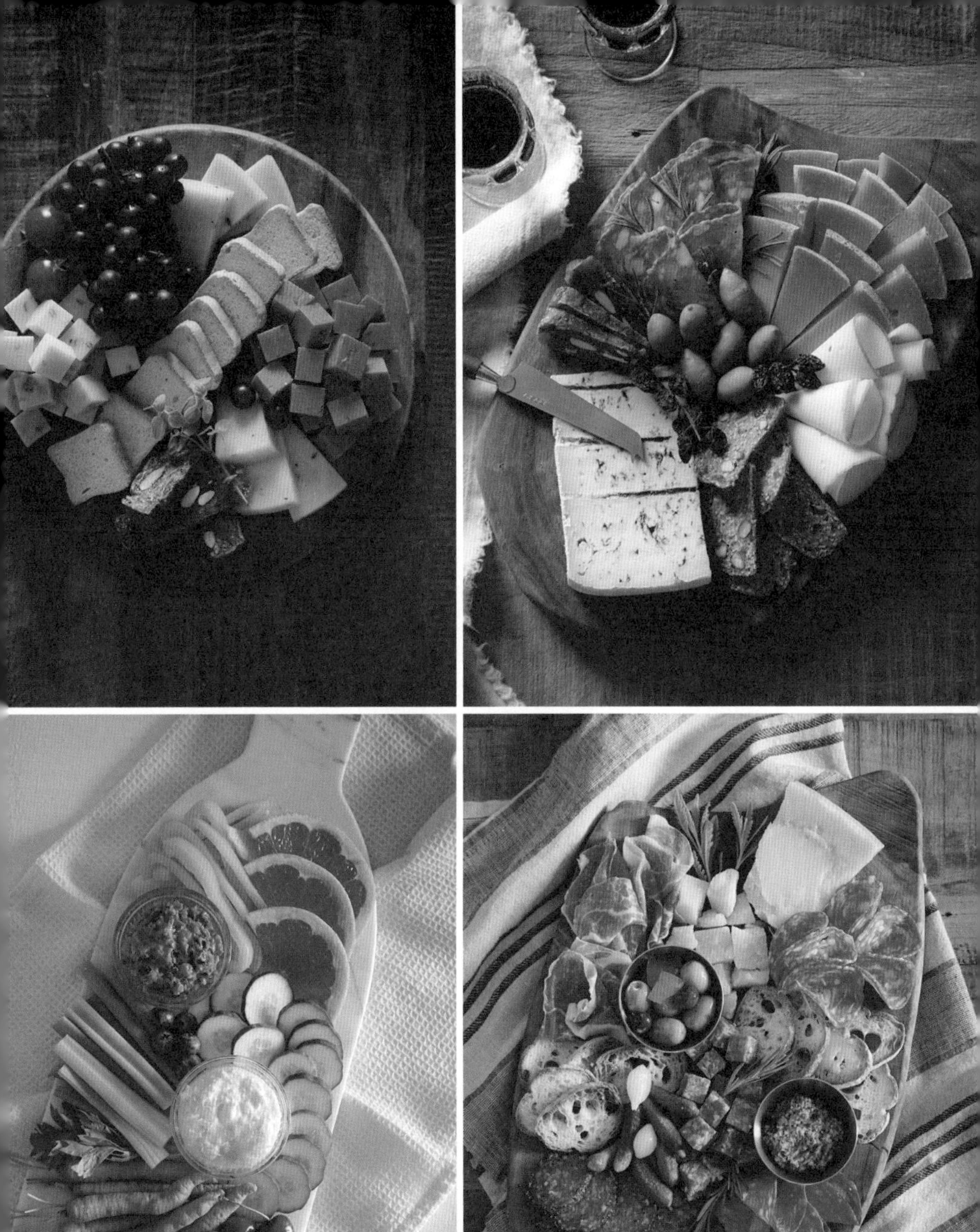

YouTube

KEEP REFRIGERATED BETWEEN +4/+8°C

ONCOURS

핑거푸드에서 화려한 치즈 플레이트까지

간단한 치즈 간식을 만들거나 오후의 티타임에 치즈를 곁들여볼까요? 친구를 초대해 근사한 요리라도 대접하는 날이라면 애피타이저나 디저트로 치즈를 선보여도 좋아요. 파티나 모임에서는 멋진 치즈 플레이트로 화려함을 더할 수도 있죠.

치즈 플레이트를 준비하려고 검색해보면 정말 화려하고 예쁜 이미지들이 수두룩하죠? 이것저것 사야 할 재료도 많고 어려워 보이는 치즈 컷팅까지 막막한 느낌이 들 수 있어요. 하지만 모든 가이드를 그대로 따라야 하는 것은 아니에요. 전문가의 플레이트를 참고해 상황에 맞춰서 수정하고 개인의 창의력을 더해 개성 넘치는 플레이트를 만들면 됩니다.

치즈 플레이트를 만드는 것은 빈 캔버스에 그림을 그리는 것과 비슷해요. 주제나 콘셉트를 정하고 나름의 이유에 맞는 치즈와 재료들을 선택한 후 의도를 가지고 위치를 잡아 하나씩 그림을 그려 나가듯 빈 공간을 채워가는 거죠. 당연히 처음 빈 플레이트를 마주하면 막막하고 그래서 저에게도 늘 쉽지 않은 과제 같아요.

그럼 프로마쥬에서 선보였던 치즈 간식과 치즈 플레이트를 살펴볼까요? 이번 10장의 첫 페이지에는 간단한 치즈 간식, 와인 안주를 담았습니다. 귀여운 보콘치니치즈에 프로슈토를 감아 만든 치즈볼, 그린키위 위에 샤브루치즈를 얹고 허브와 석류알로 장식한 다음 올리브오일을 살짝 두른 까나페, 연어 위에 브리야 사바랭치즈를 올리거나 푸름 당베르에 블루베리, 로즈마리를 장식한 핑거푸드입니다. 예쁜데 먹기도 편하겠죠?

두 번째 페이지는 심플하게 꿀이나 잼만 곁들인 치즈 플레이트입니다. 준비하기도 쉽고, 한 치즈의 깊은 맛을 제대로 즐기는 방법이에요. 때로는 단순한 것이 가장 좋을 수 있습니다.

세 번째, 네 번째 페이지는 특별한 날을 위해 조금 더 페어링을 고려해 풍성하게 만들어보았습니다. 산딸기, 무화과, 수박, 포도 같은 제철과일에서부터 올리브, 프로슈토, 돼지고기 소시지 초리조Chorizo까지 치즈 종류에 따라 잘 어울리는 부재료를 색감까지 고려해 곁들이면 준비한 사람의 정성이 크게 느껴집니다.

다섯 번째 페이지는 든든한 한 끼 느낌으로 준비했습니다. 치즈는 생각보다 포만감이 큰 식품입니다. 더불어 추가로 요리를 하지 않아도 되어 채소, 햄 등을 더해 즉석 샌드위치를 만들어 먹기 편합니다. 치즈가 메인인 피자, 퐁듀, 라클렛 요리를 만들어 손님을 초대해 대접해보세요.

여섯 번째 페이지는 특별한 행사를 위한 치즈박스와 치즈콘입니다. 행사의 성격에 맞는 치즈를 선택해서 예쁘게 배치하니 그 자체로 좋은 홍보물이 되겠죠? 일곱 번째, 여덟 번째 페이지는 행사용으로 준비한 치즈 플레이트를 실었습니다.

그럼 이제 치즈 플레이트를 만들 때 고려해야 할 점, 치즈 단짝 친구, 컷팅 등에 대해서 더 자세히 설명해볼게요.

치즈 플레이트 만들 때 고려할 점

각국의 치즈 플레이트 스타일을 살펴보면, 유럽에서는 치즈를 덩어리째 두고 한 조각씩 잘라가며 먹는 게 흔해요. SNS에서 많이 보이는 화려한 플레이트는 1년에 한 번 할까 말까예요. 반면에 미국은 물량 공세를 펼칩니다. 커다란 플레이트에 치즈와 재료들을 가득 담아 풍성함과 화려함을 더한 형태가 인기인 것 같아요. 일본은 다른 분야와 마찬가지로 정갈하고 정제된 스타일을 많이 만들어요.

그럼 한국은 어떨까요? 제가 SNS에 치즈 플레이트 사진을 올리면 역시나 관심이 큰 주제인 듯 다른 콘텐츠보다 '좋아요'를 많이 받습니다. 그런데 한국에서는 치즈가 주목되는 심플한 형태보다는 화려한 색채와 양적 공세가 더해진 플레이트를 훨씬 좋아하시는 것 같아요.

다양한 치즈 플레이트를 살펴보고 자신만의 스타일을 찾아보세요. 이때 명심할 것은 꼭 화려해야만 한다는 생각은 버리는 거예요. 치즈 플레이트는 맛있게 먹고 즐기기 위해 만드는 거잖아요. 화려함을 위해 재료에 어느 정도 신경을 쓰는 것도 좋지만 너무 화려함을 중심으로 삼지는 마세요.

그럼 나만의 치즈 플레이트를 만들기 위해 고려해야 할 점들을 알아볼까요?

단계 1. 계획하기

식사 전과 후, 디저트 유무, 술자리 등과 같은 상황, 인원수, 예산, 개인의 취향 등을 모두 고려해야 합니다. 치즈와 재료를 구입하기 전 냉장고 속 재료들을 먼저 파악하면 불필요한 지출을 막을 수 있어요. 남은 치즈가 있다면 활용해도 좋겠죠?

단계 2. 치즈 준비

치즈의 종류가 너무 많아도 좋지 않습니다. 서로 맛이 섞일 수 있고 양을 계획하는 데 어려움이 따르기에 많아도 3~5종 이내가 무난합니다. 치즈 분류별로 겹치지 않게 준비하면 구색을 맞추기 좋지만, 그렇다고 해서 비슷한 종류의 치즈를 준비하는 것이 문제가 되지는 않아요.

개인별 치즈의 경험 정도와 취향이 다를 수 있기에 누구에게나 친숙한 치즈 한 종은 꼭 준비하는 것이 좋습니다. 상황에 따라 다르지만, 치즈가 메인일 경우 1인당 전체 80~100g 정도의 치즈를 준비하고, 다른 음식이 많거나 코스의 일부라면 맛보는 정도로 20~30g이면 충분합니다.

단계 3. 치즈 플레이팅 보드 결정

치즈와 함께하는 다른 식재료의 양, 세팅 계획에 맞는 크기의 보드를 준비합니다. 치즈를 돋보이게 할 수 있는 소재와 색상이라면 사각, 원형, 비정형이든 상관 없어요. 소재에서도 어떠한 제약이 없고요. 하지만 치

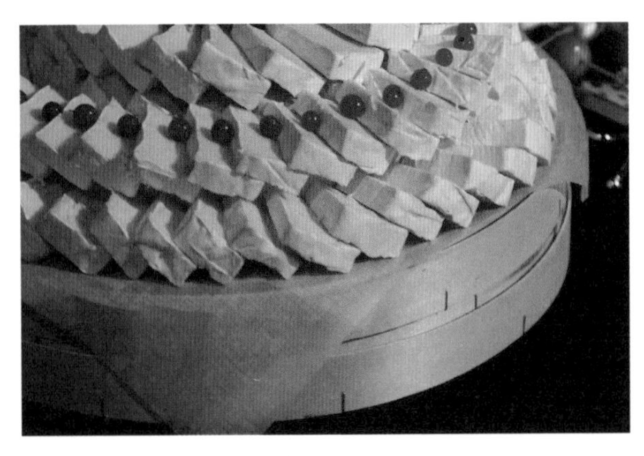

보드 종류는 치즈를 먹는 데 불편함이 없고 치즈를 좀 더 매력적으로 보여주는 소재라면 다 좋습니다. 치즈 포장용 나무 상자를 재활용해도 돼요.

즈 나이프를 이용해 각자 잘라서 먹도록 계획했다면 칼에 의해 손상이 되지 않는 소재를 고르세요.

단계 4. 치즈 컷팅하기

치즈별로 다양한 모양과 먹기 편한 크기로 미리 잘라두거나, 각자 잘라 먹도록 준비합니다. 미리 모양을 내서 잘라둔다면 냉장고에서 꺼내자마자 차가울 때 자르는 것이 편해요. 치즈를 먹기 30분~1시간 전에 꺼내 컷팅하세요. 그러면 서서히 치즈 온도가 실온에 맞춰져 보다 맛있게 즐길 수 있습니다. 단, 치즈가 마르지 않도록 랩을 씌워두거나 치즈돔과 같은 뚜껑을 덮어두는 것이 좋아요.

덩어리 치즈라면 외피도 포함시켜 잘라두어 치즈의 특징을 볼 수 있도록 해주세요. 외피는 치즈의 이름표와도 같거든요. 반경성, 경성치즈의 경우는 외피를 먹지 않도록 설명하는 것도 잊지 마세요.

치즈 종류별로 전용 칼과 도구를 준비해두고 직접 자를 기회를 주면 손님들에게 또 하나의 즐거움을 선사할 수 있어요.

단계 5. 재료 세팅하기

마치 빈 캔버스에 그림을 그리듯 구조, 입체감, 색감을 고려해서 다양한 재료를 배치합니다. 먼저 치즈 보드에 각각의 치즈를 배치해 큰 틀의 레이아웃을 잡으세요. 이때 모양이 일정하지 않거나 강한 향의 치즈는 별도의 용기에 담아놓습니다.

치즈와 곁들이는 부재료들은 색감과 디자인을 고려하되 무질서하게 배치하면서 멋스러움을 살리는 것도 하나의 방법입니다.

단계 6. 기타

잘라놓은 조각만 보면 어떤 치즈인지 알아보기가 어렵죠? 치즈 이름표를 미리 준비하는 세심함은 함께하는 이들을 더욱 즐겁게 해준답니다. 꽃이나 테이블보, 냅킨 등에 신경을 쓴다면 금상첨화입니다.

함께 준비하면 좋은 치즈 친구들

치즈 플레이트 하나 만들자고 모든 재료를 다 준비할 필요는 없어요. 참고 해두면 냉장고 속 재료만으로도 제법 풍성한 플레이트를 꾸밀 수 있습니다.

빵과 크래커

담백한 맛의 빵과 크래커는 치즈 본연의 맛을 해치지 않으면서 짠맛을 중화시키는 것은 물론 입안의 치즈맛을 정리해주어 다음 치즈를 더 맛있게 즐기도록 도와줍니다. 앞서 치즈와 식재료 페어링에서 배운 내용을 응용해서 활용해볼 수 있어요. 바게트나 깜빠뉴 같은 기본 빵들은 어떤 치즈와도 잘 어울리지만, 견과류나 건과일이 들어간 빵도 치즈에 따라 좋은 페어링 결과를 보여줍니다.

저는 브리오슈 빵과 마스카르포네, 호밀빵에 마루왈치즈, 향신료가 들어간 빵데피스Pain d'épices에 블루 도베르뉴치즈, 꿀호떡과 고다치즈처럼 특정 빵과 치즈를 준비하기도 합니다. 크래커도 비슷한 맥락으로 다양한 종류를 즐기는데 특히 비스킷의 식감을 고려한 페어링을 주의 깊게 살펴봅니다.

호밀가루, 꿀, 향신료를 첨가해 만든 빵데피스 사이에 블루치즈를 샌드했어요.

육가공품

얇게 저민 잠봉, 프로슈토, 하몽, 초리조, 살라미 같은 육가공품도 치즈와 잘 어울리기에 전문 치즈샵에서는 이들을 함께 판매합니다. 사실 저 같은 치즈인에게는 치즈 자체만으로도 충분하지만 여기에 육가공품이 더해지면 훨씬 더 만족스러운 포만감을 느낄 수 있어요. 치즈 플레이트에서 이들은 때로 치즈와 배역이 바뀌어 주연으로 등장하기도 합니다.

살라미

과일

짭조름한 치즈는 대부분 달콤하고 수분감이 많은 과일과 잘 어울립니다. 페타와 수박, 까망베르와 사과, 고르곤졸라와 바나나, 부라타와 복숭아를 함께 맛보면 단번에 이해할 수 있을 거예요. 생치즈나 숙성 기간이 짧은 치즈는 산미가 있고 밝은 빛의 신선한 생과일과 잘 어울리고 숙성 기간이 길고 단단하며 짠맛이 강한 치즈는 잘 익은 짙은 색의 과일이나 밀도 높은 단맛을 내는 건과일과

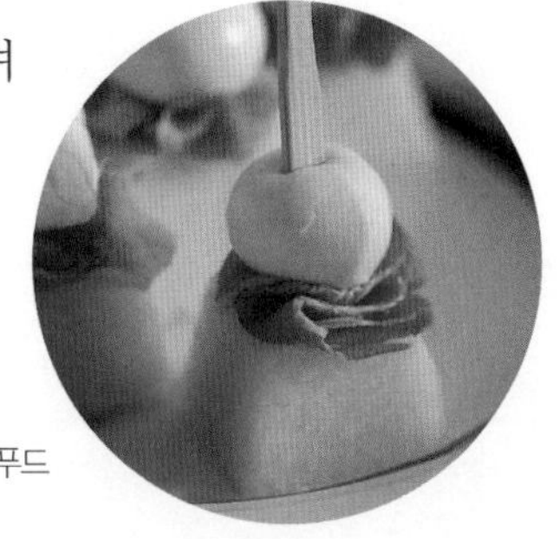
메론에 프로슈토, 보콘치니로 만든 핑거푸드

즐기기 좋아요. 가장 좋은 매칭은 계절에 맞게 주변에서 손쉽게 구할 수 있는 과일을 선택하는 것입니다.

견과류

눈을 씻고 찾아봐도 치즈에는 견과류가 들어가지 않습니다. 그럼에도 잘 숙성된 치즈에서 호두나 캐슈넛 같은 견과류의 뉘앙스가 느껴집니다. 미생물과 효소의 활동에 의해 제3의 맛과 향이 생겨나 식품의 매력도가 상승하는 것, 이것이 바로 발효의 힘이죠. 아몬드, 피칸, 헤이즐넛, 피스타치오와 같은 견과류의 고소한 풍미도 치즈와 어울림이 좋으니 함께 준비해 보세요.

잣과 꽁떼치즈를 함께 즐겨도 좋아요.

꿀, 잼

세상 거의 모든 치즈의 가장 좋은 친구는 꿀, 그다음이 잼이에요. 양젖치즈와 블랙베리잼, 염소젖치즈와 살구잼, 연성치즈와 무화과잼처럼 기본적으로 짠맛을 가진 치즈에 살짝 과일향이 더해진 달콤함이 얹어지면 치즈의 강렬함이 중화되어 조금 더 편하게 먹을 수 있습니다.

플레이트 한쪽에 콩포트Compote(과일에 설탕을 넣어 졸인 것)를 준비해보세요. 다들 치즈가 정말 맛있다고 입을 모을 겁니다. 사실 냉장고 속 딸기쨈만으로도 이미 충분합니다.

절임식품

단백질과 지방이 있는 치즈를 계속해서 먹으면 자칫 부담스러울 수 있는데 이때를 위해 올리브나 피클, 채소절임과 같은 새콤짭조름한 맛을 지닌 절임식품을 준비해주세요. 한 번씩 먹으면 입안이 정리됩니다.

기타

가끔은 색다른 허브, 향신료, 소스 등을 준비해서 치즈와의 어울림을 알아보는 것도 재미있어요. 육가공품 자리에 한국식 육포와 건어물을, 건과일에는 곶감이나 말린 대추, 그리고 잣, 양갱, 생율생밤에 우리가 일상에서 흔히 즐겨왔던 마른안주와 주전부리도 좋은 시도예요.

새로운 요리 레시피를 만들어내듯 치즈

건자두와 호두를 함께 말아놓은 로그 제품. 티 푸드로도 좋아요.

와 푸드 페어링을 탐색하다 보면 뜻밖의 조합에서 유레카를 외칠 수 있어요. 편견 없이 나만의 새로운 경험치를 쌓아가기를 바랍니다.

치즈의 맛을 좌우하는 컷팅

치즈 자르는 방법을 어렵게 생각하거나, 상황을 고려하지 않고 무조건 하나의 규칙만 따를 필요는 없어요. 하지만 컷팅 방법에 따라 치즈의 맛을 다르게 느낄 수 있고 올바르게 컷팅했을 때 치즈를 좀 더 좋은 상태로 보관할 수 있으니 기본 원칙을 알아두세요.

한 조각에 모든 부위 포함시키기

고기가 부위별로 맛이 다르듯, 치즈 또한 그래요. 연성치즈의 경우 겉에서부터 안으로, 경성치즈의 경우 반대의 방향으로 숙성이 진행됩니다. 이 때문에 치즈의 안과 겉은 맛과 향, 질감에서 차이를 보이기에 누구에게 한 조각의 치즈를 건네더라도 안과 밖이 포함되도록 치즈를 자르는 것이 중요해요.

가끔은 이 원칙을 적용시키기에 다소 까다로워 보이는 모양의 치즈들도 있지만 옆의 그림 예시를 참고하면 그리 어렵지 않을 거예요.

치즈 컷팅법

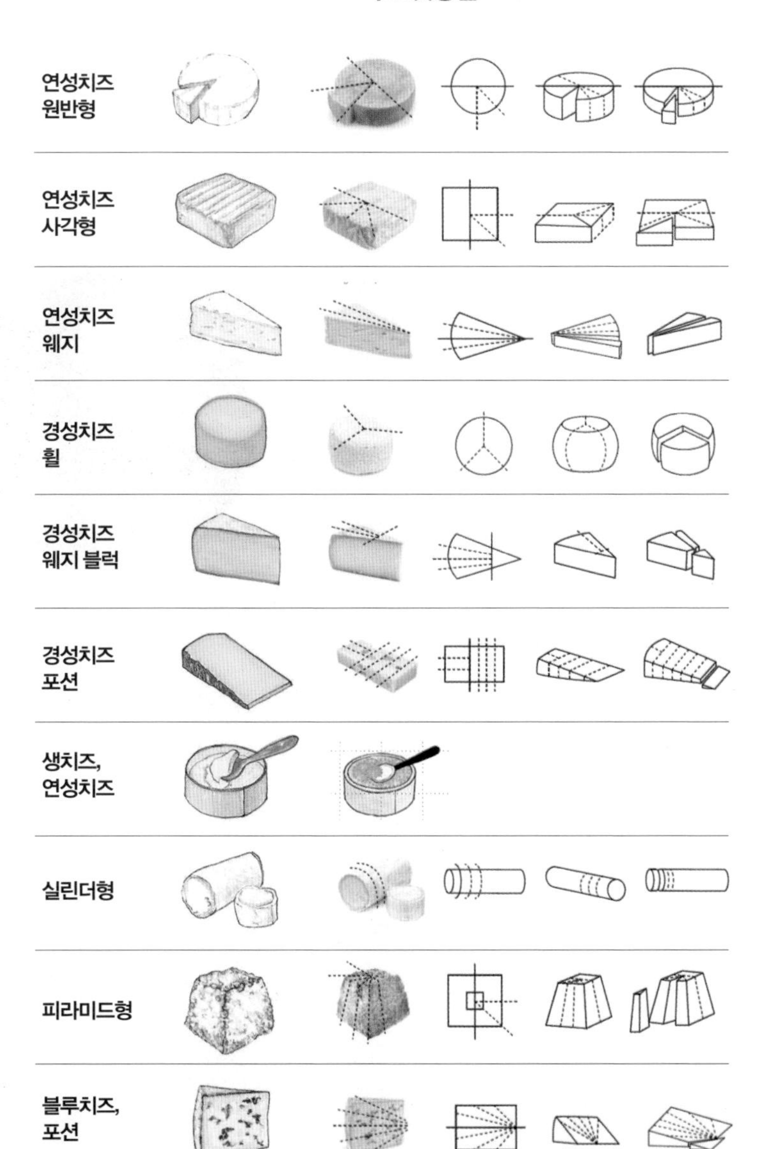
연성치즈
원반형
연성치즈
사각형
연성치즈
웨지
경성치즈
휠
경성치즈
웨지 블럭
경성치즈
포션
생치즈,
연성치즈
실린더형
피라미드형
블루치즈,
포션

하나의 치즈, 하나의 칼

치즈를 자를 때 깨끗한 칼을 사용하고 한 종류의 치즈에 사용한 칼은 다른 치즈를 자를 때 쓰지 않도록 합니다. 칼을 통해 치즈가 서로 묻어나면 맛과 향이 섞여 고유의 맛을 느끼는 데 방해가 되고 모양새도 깔끔하지 못하거든요.

같은 치즈를 연속해서 자르더라도 부드러운 치즈의 경우 계속해서 칼에 묻어나 마찰력이 증가해 예리하게 자르는 것이 어렵습니다. 이 경우 칼을 물에 씻어서 물기를 제거하고 다시 사용하거나 물을 적신 키친타월에 칼을 매번 닦아가며 자르면 좀 더 깔끔한 단면을 만들 수 있어요.

먹을 만큼만 자르기

큰 덩어리의 치즈라면 1회에 먹을 분량만 잘라 준비하고 남은 치즈는 바로 포장해서 냉장 보관합니다. 치즈의 껍질인 외피는 치즈를 감싸는 보호막이기 때문에 자르는 순간부터 서서히 균형감을 잃기 시작하거든요. 잘린 단면의 면적이 클수록 외부 환경에 대한 변화가 커질 수 있기에 작은 덩어리로 여러 차례 소분하는 것보다, 먹을 만큼만 작은 조각으로 자르고 남은 치즈는 최대한 큰 형태로 보관하는 것이 좋습니다.

적절한 도구 사용

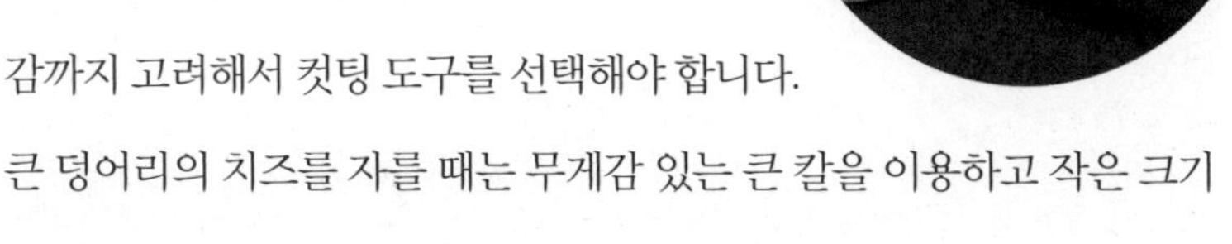

부드러운 질감의 연성치즈, 단단한 경성치즈, 잘 부서지는 블루치즈까지 치즈의 수분 함량과 제조 과정에서 생기는 고유의 질감까지 고려해서 컷팅 도구를 선택해야 합니다. 큰 덩어리의 치즈를 자를 때는 무게감 있는 큰 칼을 이용하고 작은 크기로 잘라 나갈 때는 그에 비례해 작은 크기의 칼을 선택하는 것이 좋아요.

치즈는 칼과 맞닿는 면의 마찰력이 클수록 깨끗한 단면으로 자르기 어렵기에 마찰력을 최소화할 수 있는 폭이 좁고 얇은 칼날을 이용합니다. 때로는 가는 와이어를 써서 마찰력을 최소화해요.

제가 일할 때 가장 많이 사용하는 도구는 단단한 치즈의 경우 일반적인 주방용 칼이고, 연성치즈를 자를 때는 과도를 꺼내 듭니다. 와이어 컷터도 애지중지하며 사용하고요. 사실 와이어가 없으면 일을 못 해요.

치즈 온도 고려

치즈는 먹기 1시간 전 냉장고에서 꺼내 실온에 두면 질감이 부드러워지고 더 풍부한 맛을 느낄 수 있죠. 적어도 30분 전에는 꺼내두세요. 맛을 위해서뿐 아니라 좀 더 쉬운 컷팅과 남은 치즈의 안전한 보관을 위해서도 치즈의 온도가 중요해요.

연성치즈의 경우 차가울 때 잘라야 본래 모양을 유지할 수 있고, 경성

순서대로 다용도 기본 치즈 나이프, 경성치즈 나이프, 연성치즈 나이프, 로터리 그레이터, 테트 드 무안 치즈 전용 지롤, 연성치즈와 블루치즈용 핸드리너

치즈는 실온에 두었을 때 조금 더 부드러워져 자르기 편해요. 모양과 맛 모두를 위해서는 치즈를 냉장고에서 꺼낸 직후 모양이 흐트러지지 않도록 차가울 때 잘라 플레이트에 두고 치즈가 마르지 않게 랩을 씌워두거나 키친타월에 물을 적신 후 물기를 짜내고 덮어두는 것이 좋아요.

한 번에 깔끔하게 자르기

톱질하듯 자르면 치즈의 단면이 깔끔하지 못하고 경우에 따라 모양 유지가 어렵습니다. 한 번에 깔끔하게 자르는 것이 좋으니 칼날을 예리하게 세워 칼이 들어가는 처음 위치에서 살짝 누르듯 해 수직으로 자릅니다.

치즈 전용 도구가 있다면 금상첨화

치즈를 깔끔하고 예쁘게 자르는 것이 생각보다 어렵다고 하는 분이 많아요. 두부를 칼로 자를 때의 느낌을 떠올려볼까요? 칼에 맞서는 저항감이 거의 없이 부드럽게 잘리잖아요. 반면에 치즈는 자꾸만 칼에 달라붙거나 빽빽한 밀도 때문에 저항감이 제법 크답니다. 이 느낌은 치즈 종류마다 모두 달라요. 그래서 치즈별 전용 도구를 이용할 필요가 있어요. 도구를 잘 선택하면 결과물에서 차이가 보입니다.

여기 소개한 모든 도구는 실제 제가 사용하는 것들입니다. 더 많은 도구가 있지만 치즈 전문가의 길로 들어서기 전까지는 필요하지 않습니다. 크게 나이프, 와이어, 슬라이서, 그레이터로 나눠 기본 개념과 특징을 설명하고 생치즈에서 블루치즈까지 각 치즈별 추천 도구를 제시할게요.

치즈 도구

나이프(3종류)

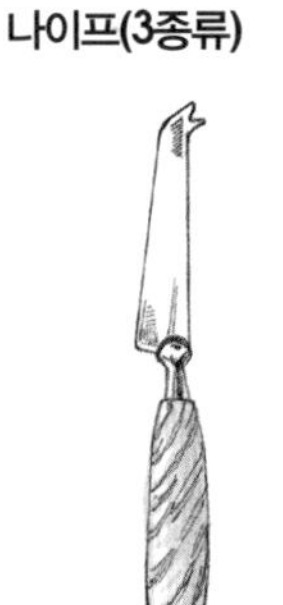

기본 치즈 나이프 연성치즈 나이프 경성치즈 나이프

나이프 끝부분 포크 모양의 픽을 이용해 자른 치즈를 옮길 수 있다. 단단한 치즈에는 크고 넓은 칼날을 힘주어 사용한다.

와이어(3종류)

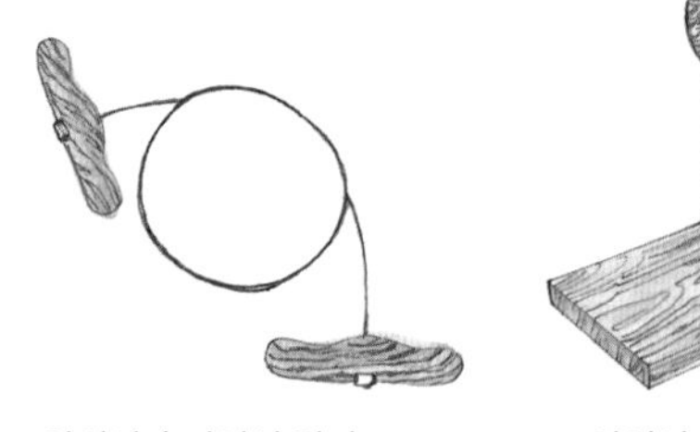
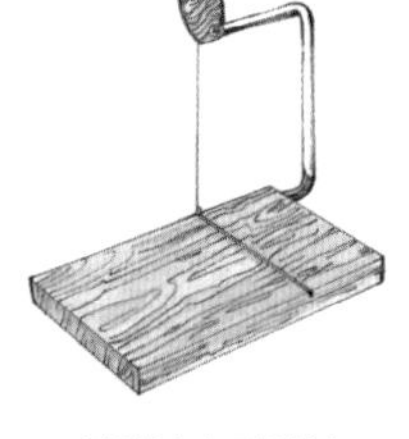

와이어 슬라이서 컷터 와이어 슬라이서 핸드리너

와이어를 이용해 컷팅하면 치즈 마찰력을 최소화할 수 있다. 부드러운 치즈부터 단단한 치즈 모두에 사용 가능하다.

슬라이서(3종류)

슬라이서(경성용) 슬라이서(반경성용) 지롤

단단한 치즈를 얇게 포를 뜬다. 지롤은 테트 드 무안치즈를 꽃잎 모양으로 자를 때 슬라이스해주는 전용 도구이다.

그레이터(2종류)

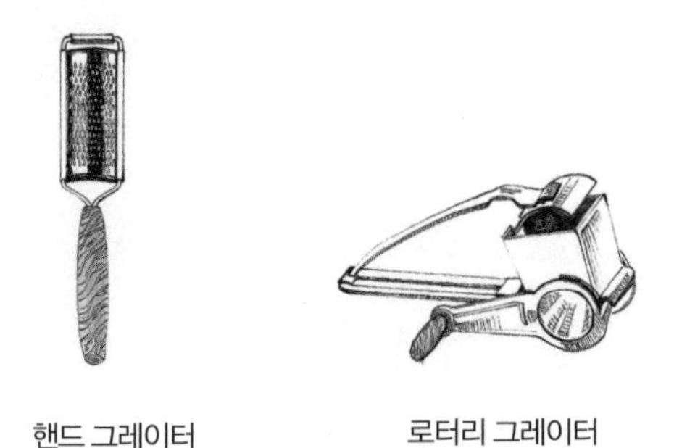

핸드 그레이터 로터리 그레이터

수분감이 적고 건조한 치즈를 곱게 갈아쓰는 치즈 전용 강판이다.

우리 일상의 다양한 상황에서 치즈가 등장하기를 개인적으로 간절히 바라지만, 여전히 우리나라에서는 치즈를 특별식으로 대하는 시선이 많습니다. 통계청의 치즈 소비량 수치는 날로 상승하지만, 온라인 치즈 쇼

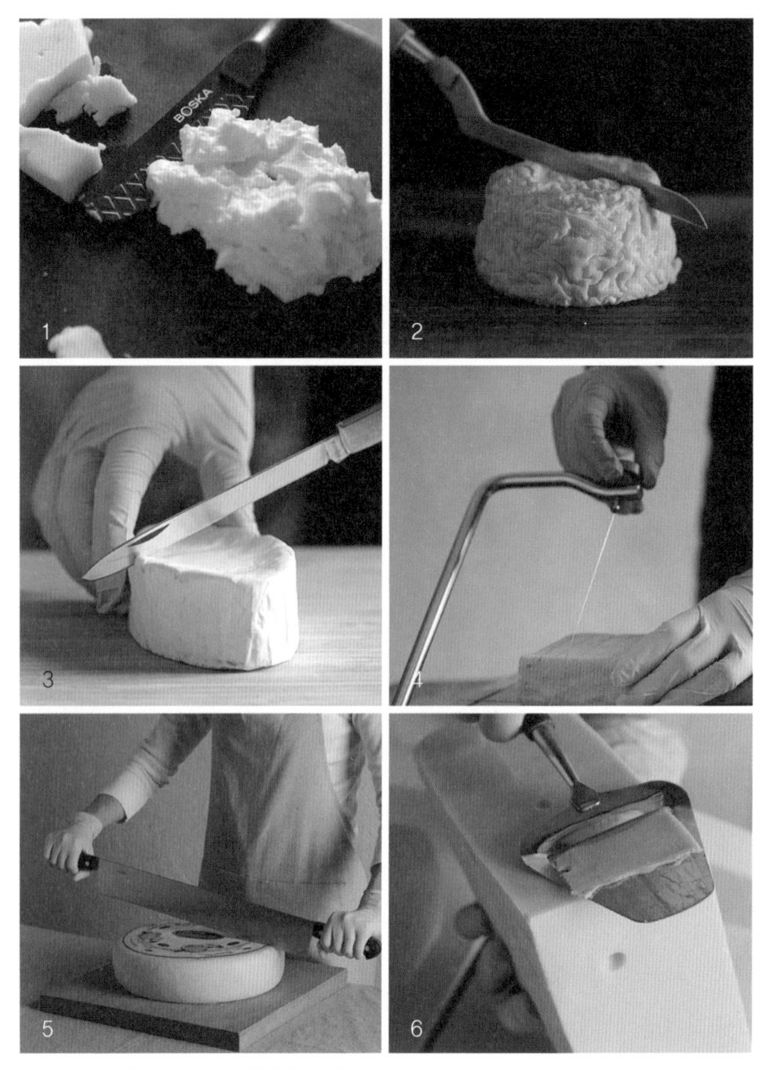

1. 생치즈 스프레드 나이프 2, 3. 연성치즈 나이프
4. 와이어 슬라이서 5. 반경성+경성치즈용 더블 핸들 나이프 6. 슬라이서

핑몰을 운영하는 저희 눈에는 명절, 크리스마스, 연말과 같은 특별한 시즌에만 매출이 평소 대비 큰 폭으로 상승하는 현상이 많이 보이기 때문입니다. 치즈는 뭔가 특별한 날에만, 와인과 함께 치즈 플레이트를 거창하게 만들어 즐기는 문화가 이미 만들어진 것 같아 좋기도 하면서 살짝 아쉬운 마음이 들어요.

그렇다고 해서 치즈가 가지고 있는 매력과 화려함을 굳이 부정할 필요는 없겠죠? 치즈가 있어서 더 빛나는 순간이 있다면 함께 즐길 수 있는 맛있는 치즈를 미리 준비하고 여기에 잘 어울리는 부재료를 더해서 완벽한 치즈 플레이트를 만들어보는 것도 특별한 경험일 테니까요.

프랑스 치즈 대회 참가기

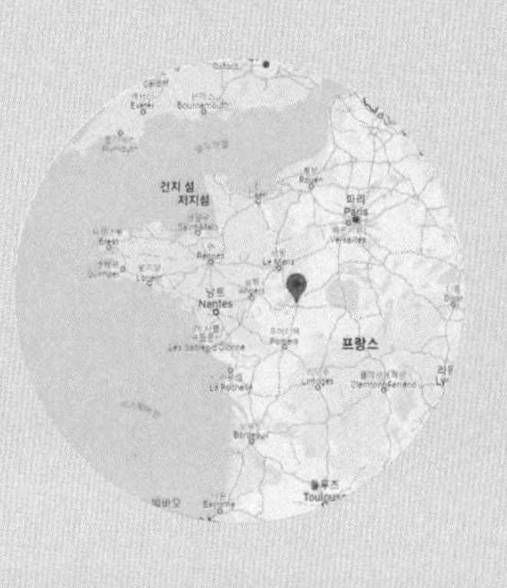

제가 참가한 치즈 대회는 앞에서도 언급했듯이 프랑스 뚜르 지역에서 열린 '2019 International Best Cheesemonger Competition'입니다. 저는 2017년 일본치즈아트프로마제협회와의 인연으로 이 대회를 알게 되었어요.

그런데 이 대회에 참가하려면 국내 대회 예선에서 1, 2위의 성적을 얻어야 해요. 하지만 한국에는 국내 대회가 없기에 참가 신청부터가 난제였습니다. 프랑스에서 요구하는 과제를 제출하고서야 겨우 본선 진출을 확정할 수 있었어요.

한국에는 거의 알려지지 않았고 사전에 정보도 크게 제공하지 않아서 프랑스로 떠나기 전까지 대회 운영진에게 지속적으로 질문을 하고 답변을 받아 간신히 대략적인 룰만 어렴풋이 파악했습니다. 재미있었던 건, 저희가 질문을 너무 많이 하니까 질문을 그만하라고까지 했는데 이후 대회 홈페이지를 보니 저희가 했던 질문을 토대로 FAQ를 만들어 공지했더라고요.

언어의 장벽이 컸고, 대회의 규정을 완벽히 숙지할 수 없는 상황에서

일과 병행해가며 준비하는 것이 너무 힘들었습니다. 참가하기로 한 저의 선택에 때로는 후회도 하고 대회 일정이 가까워질수록 부담감이 더해져서 준비하는 내내 엄청난 스트레스를 견뎌내야 했어요.

결국 본 대회 당일까지도 규칙을 100퍼센트 숙지하지 못한 불안한 상태였지만 그래도 대회장에 도착해서 쿡코트에 새겨진 태극기와 제 이름을 보고는 얼마나 심장이 두근거렸는지 모릅니다. 현장에서 당황스러웠던 상황도 여럿 연출되었고, 순간순간 눈치껏 움직여야 하는 일들도 있어 참 힘들었지만 말이에요.

대회 당일 오전, 약 10여 개국의 참가자들은 일정 금액의 유로화를 지급받아 지정된 마켓에서 원하는 식재료를 구매했습니다. 이후 대회장으로 가서 필기시험을 쳤습니다. 여러 종류의 치즈를 맛보고 치즈 종류와 타입을 맞히는 블라인드 테이스팅과 각자 준비해온 치즈를 소개하는 순서로 이어지는데 저는 우리나라 전라북도 임실의 숙성치즈 '르쁘아쥬'를 한국의 치즈 역사와 함께 영어로 프레젠테이션을 했습니다. 무엇보다 르쁘아쥬는 프로마쥬의 이름으로 처음 판매를 시작한 한국의 숙성치즈라 남다른 애정을 가지고 있습니다. 대회를 위해 임실

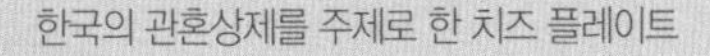
한국의 관혼상제를 주제로 한 치즈 플레이트

의 치즈메이커들에게 특별히 부탁드려 엄선해서 가지고 갈 수 있었어요. 소젖으로 만든 숙성 기간 6개월차의 반경성치즈로 국내 항공사의 기내식에도 포함된 자랑스러운 치즈입니다.

이후 사전에 고지받은 한 종류의 치즈로 현장에서 핑거푸드를 만드는 과제가 이어졌습니다. 2019년에는 에뿌아쓰가 지정 치즈로, 저는 아몬드와 슈가파우더로 마지판Marzipan을 이용해 디저트를 만들었습니다. 또 다른 과제는 큰 덩어리의 치즈를 정확한 중량으로 자르는 것. 치즈는 무게별로 가격이 매겨지기 때문에 치즈업계에서 이는 매우 중요한 작업으로 여겨집니다.

대망의 마지막 과제는 100×100cm 대형 플레이트를 치즈 아트로 장식하는 것인데요, 치즈는 그야말로 무한대로 제공되기 때문에 원하는 치즈를 마음껏 사용할 수 있습니다. 아침에 미리 장을 봐두었던 재료까지 활용해 치즈 아트를 마무리합니다.

그런데 치즈 아트에 사용할 다양한 장식품은 각자가 준비해야 하는 상황이라 한국에서부터 차근히 모아두고 사두었던 그릇들을 깨지지 않게 프랑스까지 가지고 오느라 애를 많이 먹었죠. 이렇게 길고 긴 대회의 일정이 마무리되었습니다.

결론부터 말하자면, 저는 입상을 하지 못했어요. 충분히 그럴 만하다고 생각합니다. 다른 참가자분이 워낙에 출중한 능력을 가지고 계셔서 쉽지 않은 도전이었거든요. 1, 2, 3위 수상자가 단상 위에 올라가 트로피를 들어 올릴 때 나머지 참가자들은 꽃다발을 손에 들고 함께 축하해주었어요.

단상 아래에서 저는 참 신기하게도 전혀 서운하지 않았습니다. 개인적으로는 대회를 준비하는 과정이 몹시 힘들었고 시간과 돈을 많이 썼기 때문에 엄청 지쳤는데, 그럼에도 대회를 치러냈다는 스스로의 뿌듯함에

EVERT SCHÖNHAGE
NETHERLANDS

L'éclat
de Nuits

그 누구보다 밝게 웃을 수 있었어요. 제가 웃고 있는 사진만 보면 모두 제가 1등이라도 한 줄 알 거예요. 준비 과정에서는 부담감이 컸지만 대회 당일에는 오히려 편안해져 즐길 수 있었거든요. 그래서 어떠한 후회도 남기지 않았던 좋은 경험으로 기억됩니다.

아낌없이 도움을 주셨던 저의 선생님들과 업계 관계자분들, 응원해주신 수강생분들, 프랑스까지 날아와서 저를 지켜봐주신 분들까지 그분들 덕분에 너무나도 행복한 시간이었습니다.

그리고 대회를 마치고 단상에서 내려온 저에게 뜻밖의 상이 전달되었어요. 응원차 와주신 수강생 중 한 분이 리본이 달린 참이슬 소주를 저에게 트로피로 주셨거든요. 그 어떤 상보다 값진 상에 눈물이 날 뻔했네요.

'프랑스 치즈 대회 참가'라는 한 줄의 이력을 들여다보면 이렇게도 긴 이야기로 풀어낼 값진 경험이 되었습니다. 저는 한국 최초의 참가자로 기록을 남겼다면, 또 다른 한국 참가자분이 수상의 영광을 안을 수 있었으면 하는 바람입니다.

Appendix

1. 프로마쥬 추천 치즈 39종
2. 치즈 추천 도서

1. 프로마쥬 추천 치즈 39종

치즈를 즐기는 애호가들이 한 번은 꼭 먹어보면 좋을 프로마쥬 추천 치즈 39종을 소개합니다. 치즈 8분류에 맞춰 대표 치즈를 소개하고 8분류에는 속하지 않지만 요즘 대세로 떠오르는 치즈 2종도 추가했습니다. 원산지와 원유, 2024년 기준 국내 수입 여부도 넣었으니 우리나라에서 맛볼 수 있는 치즈라면 최대한 경험해보시고 해외에 나갔을 때도 찾아 드셔보세요. 그때마다 나만의 치즈 테이스팅 노트에 기록해두는 것도 잊지 마세요.

생치즈

모짜렐라Mozzarella | 이탈리아 | 소젖, 물소젖 | 수입

누구나 편하게 즐길 수 있는 부드럽고 온화한 맛이어서 활용도가 높은 치즈예요. 열에 의해 부드럽게 녹아 늘어나는 특징을 이용해 커드를 뜨거운 물에 반죽해가며 모양을 만들어주는데요, 이러한 제조 과정을 파스타 필라타Pasta Filata라고 합니다.

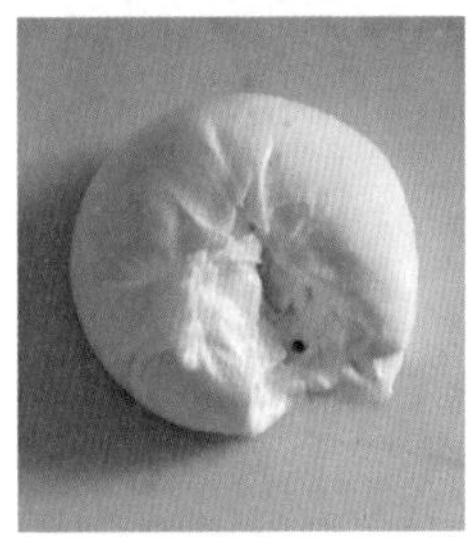

부라타Burrata | 이탈리아 | 소젖, 물소젖 | 수입

치즈계의 만두라는 별명을 가진, 수란처럼 부드럽고 연약한 부라타는 한 번에 두 종류의 치즈를 경험할 수 있어요. 만두피는 모짜렐라치즈, 만두소는 모짜렐라와 크림을 섞어 만든 스트라차텔라로 채우기 때문이죠.

리코타Ricotta | 이탈리아 | 소젖, 물소젖 | 수입

치즈를 만들 때 분리된 수분인 유청에 남은 수용성 단백질을 추가로 응고시켜 만든 담백하고 고소한 치즈예요. 여기에 우유나 크림을 더하면 좀 더 리치한 풍미의 치즈를 만들 수 있죠. 기본적인 맛에 충실해 활용도가 뛰어납니다.

페타Feta | 그리스 | 염소젖, 양젖 | 수입

그리스인들이 사랑하는 페타는 염소젖과 양젖의 블랜딩 비율이 3:7로 고정되어 있고 두 종류의 원유 특징을 보여주는 복합적인 맛이에요. PDO 페타는 이 블랜딩 비율을 반드시 따라야 하지만 다른 나라는 브랜드에 따라 소젖으로만 만든 페타도 있어요.

마스카르포네Mascarpone | 이탈리아 | 소젖 | 수입

유지방 함량이 높은 마스카르포네는 부드럽고 고소한 맛 끝에 살짝 느껴지는 단맛이 매력적이에요. 티라미수 케이크를 비롯해서 디저트를 만들 때 널리 활용합니다. 저는 생크림 대신 마스카르포네치즈를 토마토소스에 넣어 로제파스타를 만들기도 해요.

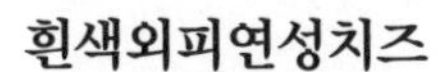

흰색외피연성치즈

까망베르Camembert | 프랑스 | 소젖 | 수입

세계적으로 가장 복제품이 많은 치즈입니다. 유제품으로 유명한 프랑스 북부 노르망디가 본래 원산지인 치즈로 흰곰팡이의 버섯향이 특징이에요. 사과 발효주인 시드르와 무척 좋은 궁합을 보여줍니다.

브리Brie | 프랑스 | 소젖 | 수입

프랑스 치즈의 왕으로 까망베르와 함께 치즈 애호가들에게 전 세계적으로 사랑받아요. 까망베르가 해안가 출신이라면, 브리는 내륙 출신이죠.

카프리스 데 디유Caprice des Dieux | 프랑스 | 소젖 | 수입

더블 크림치즈로 치즈 레이블에 그려진 천사 그림 때문에 천사 치즈라고도 많이 불려요. 크림 함량이 두 배나 높아 까망베르나 브리에 비해 고소한 맛이 풍부하고 부드러운 질감으로 사랑받아요. 딸기와 궁합이 좋아요.

생 앙드레Saint-André | 프랑스 | 소젖 | 수입

기존 치즈에 비해 크림 함량이 세 배 높아 연성치즈 중 가장 크리미하고 디저트스러워요. 트러플, 또는 산미가 좋은 라즈베리쨈과 잘 어울립니다.

뇌샤텔Neufchâtel | 프랑스 | 소젖 | 수입

하트 모양이어서 밸런타인데이를 위한 치즈로 잘 알려졌어요. 100년전쟁 당시 영국 군인들과 사랑에 빠진 프랑스 여인들이 마음을 담아 뇌샤텔치즈를 전했다고 합니다.

샤우르스Chaource | 프랑스 | 소젖 | 수입

샴페인 짝꿍으로 프랑스 북동부 상파뉴 지역에서 생산해요. 섬세한 제조 과정을 거쳐 천천히 완성되는 치즈로 와인과 무척 닮은점이 많아요. 산미가 좋고, 쌉싸름한 맛과 때로는 알싸한 매운 무와도 같은 맛을 느낄 수 있어요.

세척외피연성치즈

마루왈Maroilles | 프랑스 | 소젖 | 수입

외피를 소금물로 닦아 만든 세척외피연성치즈로 아이보리색의 속살과 짙은 오렌지빛 껍질이 특징이에요. 마루왈을 만드는 지역에는 광산이 많았는데, 광부들이 호밀빵에 마루왈을 넣어서 만든 샌드위치를 점심식사로 먹어왔다고 합니다.

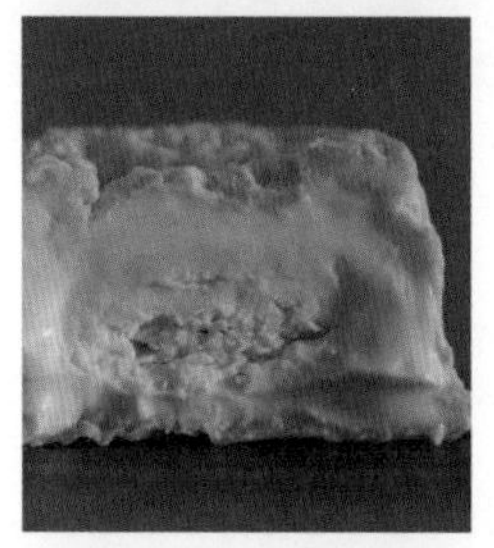

랑그르Langres | 프랑스 | 소젖 | 수입

숙성 중 치즈를 정기적으로 뒤집어주는 과정을 최소화해서 치즈 윗면이 오목한 그릇처럼 생겼어요. 여기에 샴페인을 부어 적셔 먹거나, 도수가 높은 증류주를 부은 후 불을 붙여 소위 불쇼를 보여주기도 하죠. 축하의 파티 자리에 준비하면 손님들이 무척 좋아해요.

에뿌아쓰Epoisses | 프랑스 | 소젖 | 수입

세척외피연성치즈의 왕이라고 하며 같은 분류의 치즈 중 가장 강렬한 맛을 선사해요. '마르 드 부르고뉴' 증류주로 외피를 닦아 숙성시키는데 건어물, 장류, 육향까지 느낄 수 있답니다. 강한 풍미로 다양한 향신료와도 견주는 힘 있는 치즈예요.

리바로Livarot | 프랑스 | 소젖 | 수입

치즈 옆면을 둘러싼 5줄의 띠가 마치 대령의 계급장과 같다고 해서 '대령 치즈'라고도 해요. 치즈를 잘라보면 내부에 엉성한 구멍들이 나 있고 연성치즈인데도 제법 탄탄합니다. 까망베르와 함께 프랑스 북부 노르망디를 대표하는 치즈로 사과와 좋은 페어링을 보여줍니다.

몽도르Mont d'Or l 스위스 l 소젖 l 수입 안 됨

프랑스와 스위스에서 만드는 치즈로 매년 가을부터 이듬해 봄까지 생산하는 시즌 한정품이에요. 가문비나무로 치즈 옆면을 둘러 모양을 잡고 숙성을 합니다. 몽도르치즈에 마늘과 화이트와인을 넣고 오븐에 구워서 바게트와 즐기면 좋아요.

반경성치즈

고다Gouda l 네덜란드 l 소젖 l 수입

네덜란드의 효자 수출 아이템으로 우리에게 잘 알려진 노란색 왁스 코팅 치즈예요. 부드러운 탄성과 고소한 맛으로 누구나 편하게 즐길 수 있어요.

체다Cheddar l 영국 l 소젖 l 수입

우리가 흔히 아는 체다는 노란색 슬라이스 가공치즈이지만 오리지널 체다는 외피를 관리해서 만드는 훌륭한 맛의 자연치즈랍니다. 사라져가던 영국의 전통 치즈를 되살리기 위한 노력으로 명맥을 유지하게 되었어요.

하바티Havarti l 덴마크 l 소젖 l 수입

한마디로 고체 우유의 맛. 연한 아이보리빛의 하바티는 우유 본연의 맛에 충실해 순수 우유향이 가득해요. 남녀노소 누구나 거부감 없이 즐길 수 있는 맛으로 일상에서 활용하기 좋아요.

테트 드 무안Tête de Moine | 스위스 | 소젖 | 수입

전용 도구인 지롤을 이용해 컷팅하면, 그 모양이 마치 카네이션 꽃과 같아서 '꽃 치즈'라고도 해요. 화려한 외모에 가려졌지만, 농밀하고 복합적인 맛이 대단히 훌륭하죠. 파티에서 빠질 수 없는 치즈랍니다.

라클렛Raclette | 스위스 | 소젖 | 수입

치즈의 이름이자 요리의 이름이기도 해요. 라클렛 요리는 치즈를 녹여 감자나 빵과 함께 먹어요. 치즈 자체로 즐기기보다는 열에 잘 녹는 특징 때문에 멜팅 치즈로 활용도가 높아요.

만체고Manchego | 스페인 | 양젖 | 수입

네덜란드 수출 효자템이 고다라면 스페인에는 만체고가 있답니다. 양젖으로 만든 만체고는 고소한 견과류맛이 돋보이고, 부드럽고 온화한 맛이어서 누구나 편하게 즐길 수 있어요.

콜비잭Colby-Jack | 미국 | 소젖 | 수입

오렌지색의 콜비와 흰색의 몬테레이잭 두 종류의 치즈를 섞어 대리석의 마블 모양이 특징인 '반반치즈'예요. 호불호가 없을 정도로 부드럽고 고소한 맛이자 열에 잘 녹아 다용도로 활용합니다. 특유의 색감을 살려 치즈 플레이트에서 많이 활용하더라고요.

경성치즈

에멘탈Emmental | 스위스, 프랑스 | 소젖 | 수입

<톰과 제리> 만화영화 속 노란색의 구멍이 숭숭 뚫린 그 치즈예요. 연한 산미와 끝에 맴도는 단맛, 호두향이 매력적으로 스낵으로 먹기에도 좋지만 열에 부드럽게 잘 녹아 피자, 그라탕, 파스타 등 다양한 요리에 활용해요.

꽁떼Comté | 프랑스 | 소젖 | 수입

프랑스를 대표하는 국민치즈로 큰 사랑을 받아 엄청난 자국 소비량을 자랑합니다. 마치 밤을 먹는 것과 같은 질감과 살짝살짝 느껴지는 단맛이 매력적입니다. 그냥 먹어도, 요리에 사용해도 좋아요.

그뤼에르Gruyère | 스위스 | 소젖 | 수입

산지가 많은 스위스는 크고 단단한 마운틴 치즈, 즉 산악형 치즈를 많이 만들어왔어요. 그중 대표적인 치즈가 그뤼에르입니다. 에멘탈과 섞어 치즈 퐁듀를 만들어보세요. 여럿이 둘러앉아 호호 불어가며 먹는 치즈 퐁듀는 겨울 제철음식이 되어줄 거예요.

파르미지아노 레지아노Parmigiano Reggiano | 이탈리아 | 소젖 | 수입

미국식 파마산이라는 이름으로 더 잘 알려진 이 치즈의 원래 이름은 파르미지아노 레지아노입니다. 마치 대리석처럼 단단하고 수분량이 적어서 오랫동안 보관하며 즐기기에 좋은 다용도 치즈예요. 치즈에서 느껴지는 파인애플향이 매력적이랍니다.

그라나 파다노Grana Padano | 이탈리아 | 소젖 | 수입

이탈리안 레스토랑을 점령한 치즈예요. 이탈리아 요리에 파르미지아노 레지아노와 함께 다용도로 사용돼요. 샐러드나 파스타에 곱게 갈아 뿌리기도 하고, 소스나 수프에 갈아서 넣으면 요리의 맛이 한층 깊어집니다.

페코리노 로마노Pecorino Romano | 이탈리아 | 양젖 | 수입

페코리노 로마노는 오랜 역사를 자랑하는 유서 깊은 양젖 치즈예요. 양젖의 풍부한 지방을 충분히 느낄 수 있고, 요리에 사용하면 다른 조미료가 필요 없답니다.

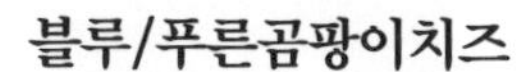

블루/푸른곰팡이치즈

고르곤졸라Gorgonzola | 이탈리아 | 소젖 | 수입

강한 맛의 끝판왕으로 블루치즈의 강렬한 맛을 제대로 맛볼 수 있는 이탈리아의 대표 블루치즈예요. 고르곤졸라 피자와 꿀의 조합은 이미 많은 분이 경험해온 치즈의 대표 페어링이기도 합니다.

블루 스틸턴Blue Stilton | 영국 | 소젖 | 수입

체다와 함께 영국을 대표하는 블루 스틸턴은 마치 순박한 시골 청년 같은 인상이에요. 고르곤졸라가 노골적으로 강한 맛을 보여준다면, 블루 스틸턴은 은은한 강렬함으로 기억돼요.

로크포르Roquefort | 프랑스 | 양젖 | 수입 안 됨

로크포르는 이탈리아의 고르곤졸라, 영국의 블루 스틸턴과 함께 세계 3대 블루치즈로 불려요. 강한 짠맛과 풍부한 지방, 톡 쏘는 블루 특유의 강렬함이 매력적이죠. 요리에 적은 양을 사용하더라도 감칠맛이 풍부해서 천연 조미료로 사용하기 좋아요.

염소젖치즈

샤브루Chavroux | 프랑스 | 염소젖 | 수입

순백색의 산미가 좋은 고소한 맛의 스프레드 타입이에요. 염소젖 특유의 향과 매력을 느끼기에 좋은 입문자용 치즈라고 할 수 있죠. 셀러리와 함께 즐겨보세요. 수많은 수강생분이 검증해주신, 후회하지 않을 페어링입니다.

부쉐뜨 드 쉐브르Bûchette de Chèvre | 프랑스 | 염소젖 | 수입

긴 원통형의 막대형 스타일로 쫀득한 텍스처에 부드러워요. 딜, 타임, 로즈마리와 같은 허브와 잘 어울리고 산미가 좋은 화이트와인을 매칭해도 좋습니다.

쌩뜨 모르 드 뚜렌느Sainte-Maure de Touraine | 프랑스 | 염소젖 | 수입 안 됨

겉면에 짙은 회색의 재가 도포되어 있는 김밥 모양 치즈랍니다. 치즈 중앙을 관통하는 얇은 막대는 치즈 모양 유지에 도움이 됩니다. 2024년 현재 한국에는 수입 비허가 품목이라 해외 여행 시 경험해보면 좋아요.

발랑세Valençay | 프랑스 | 염소젖 | 수입 안 됨

꼭짓점이 없는 피라미드형으로 치즈 겉면에 짙은 회색의 재가 도포되어 있어요. 이집트 원정에서 실패한 나폴레옹이 화를 내며 꼭짓점 부분을 없앴다는 이야기로 유명합니다. 입안에서 부드럽게 부서지는 섬세한 질감이에요.

바농Banon | 프랑스 | 염소젖 | 수입 안 됨

부드럽고 연약한 치즈를 밤나무 잎으로 감싼 후 라피아 끈으로 묶어서 모양을 완성해요. 잎을 그대로 사용하거나 식초, 증류주에 담갔다가 사용해서 치즈에 특유의 향을 입히게 되죠. 살균하지 않은 생유로 만든 짧은 숙성 기간의 치즈라 2024년 현재 한국에는 수입이 안 됩니다.

기타 치즈

브레스 블루Bresse Bleu | 프랑스 | 소젖 | 수입

미식가들 사이에서 소문난 브레스 지역의 닭과 함께 해당 지역에서 유명해요. 치즈의 겉면은 흰 곰팡이, 내부는 푸른곰팡이가 드문드문 피어나 있는 두 종류 곰팡이의 만남이 조화로운 치즈입니다. 버섯, 육류와 함께 즐기기에 좋아요.

브라운Brown | 노르웨이 | 소젖, 염소젖 | 수입

치즈계의 누텔라라고 할 정도로 마치 솔티드 캐러멜을 먹는 것과 유사한 맛의 치즈예요. 호밀 크래커와 함께 가벼운 간식으로 즐기기에 좋고, 국내에서는 크로플, 아이스크림과 함께 토핑해서 디저트로 많이 알려졌습니다.

2. 치즈 추천 도서

여기에 추천하는 치즈책들은 저의 개인적인 경험과 인연, 취향에 기반한 것들입니다.

《치즈 수첩》
정호정 저. 우듬지 펴냄

지금은 치즈 관련 책들이 여러 권 있지만 제가 치즈를 좋아하기 시작한 초기에는 정말 치즈책이 귀했어요. 그래서 외서를 해외 직구까지 해서 어렵사리 번역해가며 읽었던 기억이 납니다. 그런 시기에 《치즈 수첩》은 제게 단비와 같았죠. 정호정 저자님은 프랑스 국립유가공학교에서 치즈 제조 교육을 이수하고 오신 분으로 저는 그녀의 아버님과 먼저 연을 맺었답니다. 여주의 영덕목장 정상진 대표님이신데요, 저에게 처음 치즈 만드는 과정을 끝까지 경험하게 해주신 분이세요.

《민희, 치즈에 빠져 유럽을 누비다》
이민희 저. 고즈윈 펴냄

저자 이민희 님은 저의 치즈 영웅임을 고백합니다. 개인적으로 저자님께도 여러 번 이야기했습니다. 치즈를 너무 좋아해서 다니던 직장을 그만두고 유럽으로 치즈 여행을 떠난 작가의 치즈 기행문이에요. 낮 동안은 먼 길을 직접 운전해서 치즈 산지들을 방문하고 밤에는 인적이 드문 캠핑장에서 잠을 자며 다음 일정을 준비하는 모든 과정이 담겨 있습니다. 치즈 본고장의 이야기가 듬뿍 담겨 있어서 너무나도 재미있게 읽었습니다. 저의 치즈 영웅은 지금 저의 든든한 치즈 동료로서 아낌없는 도움을 주는 분이 되었습니다.

《올 어바웃 치즈》
무라세 미유키 저. 예문아카이브 펴냄

저자인 무라세 미유키를 설명하는 수식어가 너무나도 많습니다. 먼저 저도 참가했던 프랑스 치즈 대회 우승자, 일본치즈아트프로마제협회 이사, 그리고 저의 선생님이십니다. 이 책은 열 가지 주제로 각각의 치즈가 가진 특징과 스토리를 재미있게 풀어낸 책으로 저는 책 내용을 클래스 때 종종 인용하기도 한답니다.

《세상 거의 모든 치즈》
박근언 저. 미니멈 펴냄

캐나다로 이민 가서 치즈샵을 운영하던 블로그 이웃 이본의 초대로 캐나다 치즈샵에서 연수를 했어요. 더불어 이 책의 저자인 박근언 선생님도 소개해주셨어요. 박근언 선생님 역시 캐나다에서 오랫동안 치즈샵을 운영해오면서 쌓은 노하우와 지식을 저에게 전달해주셨고 제가 하는 일은 무조건적으로 지지해주셨습니다.

《실용치즈전서》
배인휴 저. 유한문화사

일반인은 치즈 제조 교육을 받기가 힘든데 제 손을 잡아주신 분이 바로 순천대학교의 배인휴 교수님이셨어요. 덕분에 치즈 만드는 과정이 얼마나 힘든지 알 수 있었습니다. 치즈는 공부할 것들이 참 많은데요, 어려운 점이 있을 때마다 뚝딱 시원한 답변을 해주십니다. 치즈 제조 원리를 자세하게 살펴볼 수 있어서 늘 참고하는 책입니다.

에필로그

2008년 1월에 처음으로 치즈를 만들고, 이어서 2월에는 네이버에 '치즈공방'이라는 아이디로 블로그를 만들어서 공부하고 경험한 치즈 지식을 하나하나 기록했습니다. 돌아보니 어느새 15년 이상의 세월을 치즈와 함께 했네요. 날카로운 까망베르치즈의 추억부터 하면 20여 년입니다. 첫 치즈 수업을 한 때는 사실 2013년으로, 치즈 강사로 나선 지는 10년이 넘었습니다.

저는 부산에서 나고 자란 토박이입니다. 그래서 제 말투에 아직도 부산 사투리가 남아 있습니다. 회사원으로 일하다 강연기획 쪽으로 이직하면서 서울로 옮겨 왔죠. 당시만 해도 서울의 백화점이 가장 좋은 치즈 구매 장소였습니다. 더 많은 종류의 치즈를 좀 더 쉽게 살 수 있기에 서울에 오자마자 압구정 현대백화점으로 달려갔던 일화도 떠오르네요.

저는 강연기획 기업에서 당연히 첫 번째로 치즈 수업을 만들려고 했습니다. 하지만 2010년 초반만 해도 치즈 강의를 맡아줄 사람을 쉽게 찾을 수 없었는데, 해당 분야 전문가가 그야말로 손가락에 꼽을 수 있을 정도로 소수였기 때문이었죠.

그때 제 눈에 소펙사SOPEXA(프랑스 농식품 진흥공사) 코리아가 눈에

띄었어요. 당시 소펙사 조선형 대리님께서 치즈에 대한 저의 열정을 응원해주시면서 어려운 강의를 수락해주셨습니다. 이를 통해 그동안 온라인으로만 만나왔던 블로그 이웃들을 오프라인에서 볼 수 있었고 치즈에 대한 저의 열정이 폭발했던 것 같습니다.

보통 자기계발 강의 프로그램에서 일관되게 전하는 메시지가 '좋아하는 일을 하면서 행복하게 살자'잖아요. 어느 날 회사에서 비슷한 강의를 듣고 있었는데 더 이상은 안 되겠다 싶더라고요. 결국 2013년 3월, 저는 제 일을 하겠다며 회사에 사직서를 제출했습니다.

"그래, 이제는 내 인생을 살자!"

프로마쥬, 시작

회사를 그만두고 한편으로는 그동안 직장 때문에 가보지 못했던 여러 목장을 찾아다니며 우리나라 치즈 산업에 대해 알아보고, 또 다른 한편으로는 치즈 분야에서 내가 할 수 있는 일이 무엇일까 정말 심각하게 고민했습니다. 그러자 치즈 공부하기가 굉장히 어려웠고, 관련 정보를 접할 채널이 딱히 없어서 무척 아쉬워했던 게 떠올랐습니다.

그러던 중 제 치즈 공부 과정을 쭉 지켜봐주신 블로그 이웃분께서 어느 날 저에게 치즈 클래스를 의뢰해주셨습니다. 사실, 강연기획은 해보았지만 내가 누군가에게 치즈 강의를 한다는 건 상상도 해보지 못했습니다. 하지만 용기를 주신 블로그 이웃분 덕에 첫발을 내딛게 되었습니다.

2013년 12월, 저의 인생 첫 치즈 클래스는 그렇게 시작되었어요. 전주의 영양교사분들로 구성된 '녹색 식생활 연구회' 회원분들을 대상으로 이탈리안 레스토랑에서 진행했는데요, 준비하는 내내 부담감과 스트레스에 시달려야 했지만 함께 치즈를 맛보고 이야기를 나눌 장이 생겨 얼마나 기뻤는지 모릅니다. 테이스팅에 사용할 치즈와 각종 도구를 바리바리 챙겨 신나게 전주로 출강을 갔죠.

지금 생각해보면 형편없는 강의였을 텐데, 자리해주신 선생님들의 응원과 격려, 호응에 정말 감사하고 행복한 하루를 보냈습니다. 그러면서 제 심장이 또 한 차례 크게 뛰는 것을 느꼈습니다.

첫 치즈 클래스를 진행하면서 내가 아는 정보를 남에게 전달하는 일이 즐겁다는 것을 경험했습니다. 어쩌면 이 방면이야말로 내가 걸어가야 할 길이 아닐까 생각했어요. 그래서 치즈를 전문적으로 다루는 미디어를 만들고 치즈를 알리는 일을 하는 쪽으로 방향을 잡았습니다.

홈페이지를 구축하고 그동안 쌓아온 치즈에 관한 다양한 정보를 하나씩 업로드했습니다. 그리고 마침내 '프로마쥬' 사업자등록을 하기에 이르렀습니다.

상호를 정하는 데도 재미있는 일화가 있었습니다. 지인들에게 열 가지 사업자명 후보를 두고 투표를 부탁드렸는데 1위가 지금의 프로마쥬였답니다. 투표에 참여해주신 분들께 이유를 물었더니 '고급스럽다'라는 답변이 돌아왔어요. 뜻은 모르지만 단순히 어감에서 그런 느낌을 받았다고 하니 이 역시 치즈를 대하는 현재 사람들의 생각을 대변하는 것만 같습니다. 결국 그 누구도 점유할 수 없는 프로마쥬라는 상호로 확정하고 2014년 2월 사업자등록을 했습니다. 지금은 그 상호로 정했던 저를 무척이나 원망하면서 말이죠.

프로마쥬 클래스룸 오픈, 앞으로의 프로마쥬

파편화되어 있는 치즈 자료들을 취합해서 새로운 콘텐츠로 만들어 홈페이지를 채우는 일은 쉽지 않았습니다. 하지만 하나씩 차근히 쌓아가는 즐거움도 제법 컸어요. 그러면서 조금씩 치즈 클래스 문의가 들어와 공간을 마련해야만 했습니다. 지인과 함께 부동산을 돌아다니다 생전 처음 청운동이라는 곳까지 찾아가게 되었습니다. 그렇게 종로구 자하문로, 25평 지하 사무실이 프로마쥬의 첫 클래스룸이 되었죠. 그곳에서 자체 클래스를 열고 외부 출강까지 나갔습니다. 그리고 2024년 기준 11년차 치즈 강사로 수많은 수강생분을 만나오고 있습니다.

그리고 마침내 이 책으로 제가 가진 치즈 정보를 여러분과 함께 나누게 되었습니다. 제목에서도 말했듯이 이 책은 '입문자를 넘어 애호가를 위한 체계적인 치즈 안내서'입니다. 치즈를 알고 즐기기 위한 총 10장의 강의를 여러분이 좋아해주시기를 바랍니다.

프로마쥬의 정체성은 치즈 미디어, 치즈아카데미입니다. 치즈에 대한 정보와 치즈를 즐기는 즐거움을 전달하는 역할을 지속적으로 해나가려고 합니다. 더 좋은 책으로 또 만나려고 하며 온라인뿐만 아니라 오프라인으로 다양한 행사와 클래스를 열 계획입니다. 전달의 형태가 어떻게 변화하건 프로마쥬는 앞으로도 치즈를 즐기는 사람의 좋은 가이드가 되려고 합니다.

마지막, 혹시라도 치즈로 진로를 고민하는 분들께

저는 일반 회사원에서 부동산투자회사와 강연기획사, 치즈 전문강사에 이르기까지 의도치 않았지만 써놓고 보니 다양한 커리어의 길을 걸어왔습니다. 특히 치즈와 관련해서는 거의 혼자 힘으로 시작해서 여러 공부를 하면서 진로를 개척해온 터라 유독 저에게 진로 고민으로 찾아오는 분들이 많습니다. 하지만 제 앞길도 잘 모르는 저에게 진로 상담이라니요…. 치즈 분야의 새로운 직업군에 대한 정보가 거의 없고 관련 단체 또한 전무하기 때문일 거라고 생각합니다. 저도 비슷한 어려움을 겪었기 때문에 잘 알고 있습니다. 시작하는 단계에서 저도 그들처럼 누군가에게 진로 고민을 상담하고 싶어서 여러 곳에 문을 두드렸죠. 대뜸 장문의 메일을 보냈는데 무임금으로라도 일하면서 배우게 해달라는 식의 내용이었습니다.

지금 생각해보면 메일을 받아본 분들이 얼마나 부담스러우셨을까 죄송한 마음이 들어요. 그때 제가 썼던 메일을 모두 가지고 있는데요, 가끔 꺼내보면 너무 부끄러운 거 있죠. 하지만 그런 시도와 고민의 과정을 통해 오늘의 제가 있는 게 아닐까 생각합니다. 그래서 저에게 찾아오는 분들을 마냥 거절하기도 어려웠어요. 도움이 간절했던 옛날의 저 같아서요. 그래서 제가 해드릴 수 있는 아주 현실적인 이야기를 최대한 해드리기도 합니다.

사실 무척 조심스럽기도 합니다. 제가 뭐라고 누군가의 인생에 어떤 형태로든 영향을 미치는 것이 무섭거든요. 그래서 어떤 조언이나 방향성을 제시하기보다는 제가 해왔던 과정을 설명해주는 것으로 대신했어요. 힘들고 지루한 과정이었지만 저보다 더 잘할 수 있는지 스스로 좀 더 치열하게 고민해보면 좋을 것 같았거든요.

그래서 마지막 결론은, 하고 싶다면 각오를 단단히 하고 일단 한 번 도전해보라는 것입니다.

<치즈 클래스>를 먼저 경험한 수강생들의 추천

프로마쥬의 '치즈 클래스'를 들으며 치즈에 대한 관심과 이해가 깊어졌어요. 이번에 책이 나온다니 이 책으로 미국 주재원 생활 동안 치즈를 맛보며 제대로 즐겨보려고 해요. 책 내느라 수고하셨어요. **강대진_해외자산관리**

처음에는 그저 막연한 호기심을 가지고 '치즈 클래스'를 들었는데 선생님의 친절한 강의로 관심이 폭발했습니다. 이후 일상의 순간순간 자연스럽게 치즈와 함께하게 되었어요. 저처럼 이 책이 여러분들께 조금 더 맛있는 삶의 시작이 되면 좋겠습니다. **이재광_직장인(유통업)**

치즈에 대한 생각을 다채롭게 변화시켜준 클래스. **지향진_바텐더(오브 오브 라이트)**

처음에는 전통주와 치즈의 페어링에 대한 호기심에서 듣기 시작한 김은주 선생님의 수업이 제 삶을 더욱 풍요롭게 만들어주었습니다. 치즈의 역사와 제조 그리고 다양한 음식과의 페어링까지, 선생님의 깊이 있는 지식과 가르침 덕분에 치즈를 새롭게 바라보게 되었습니다. 이 책이 치즈를 사랑하는 모든 이에게 훌륭한 안내서가 될 것이라고 확신합니다. **이대형_경기도농업기술원 농업연구사**

비기너 맞춤형 수업을 들으며 치즈에 대한 입이 트였고, 좀 더 깊이 있는 '분류별 치즈' 수업을 들은 후에 좋아하는 치즈를 직접 고를 수 있게 되었습니다. 그럼에도 더 궁금한 점이 많은 저 같은 사람을 위한 책이 나온다니 너무 기대됩니다! **양송이_송재현 와인바 운영**

최고의 치즈 선생님께 배울 수 있는 수업! 치즈 기초부터 심화까지 알고 싶은 사람에게 추천함! 클래스를 들으면 그녀의 프로페셔널함이 피부로 느껴짐! 자발적으로 재수강하고 싶은 클래스! **김혜란_직장인(스킨케어 기업)**

국내 최고의 치즈 클래스! 프로마쥬 치즈아카데미, 김은주 치즈 선생님 클래스를 수강하면서 치즈에 대한 지식뿐만 아니라 다양한 경험을 할 수 있었고 치즈의 매력에 빠져들게 되었습니다. 드디어 책으로도 만날 수 있다니 너무 기대됩니다! **신동민_프로그래머, 치즈 & 와인 강사**

프로마쥬의 치즈 수업은 제 일상으로 치즈가 들어오게 해준, 평생 유용할 수업이었어요. 조금은 지루해져가던 제 식탁을 한층 더 다채롭게 채워준 치즈의 세계를 책으로 또 한 번 정리해주셨다니 너무 감사한 마음입니다. 저처럼 치즈가 어렵게 느껴지셨거나 치즈에 대한 다양한 질문이 있는 분들이라면 이 책과 함께 여러 치즈를 쉽고 재밌게 일상으로 초대해볼 수 있지 않을까요? **박현아_(전)포토그래퍼, (현)파티시에**

치즈를 만들고 있지만 세상에 나와 있는 그 많은 치즈를 다 만들 수 없고 맛볼 수 없다 보니 맛들도 궁금하고 치즈를 어떻게 먹으면 더 좋을지 알고 싶었습니다. 그러던 중 대표님의 수업을 알게 되었고 이를 통해 치즈의 종류와 내가 어떤 치즈를 좋아하는지 알게 되었습니다. 다양한 치즈를 맛보고 각각의 치즈는 어떤 특성을 가졌고 어떤 음식과 어울리는지 배웠고요. 다년간 축적된 대표님의 경험을 책을 통해 만나면 우리가 치즈를 더 맛있게 맛보는 시간을 당겨주리라 기대합니다. **정예진_낙농업가(해모아목장 & 해늘찬치즈)**

이토록 깊이 있으면서 섬세한 치즈 클래스라니! 처음 프로마쥬 수업을 접하고 느꼈던 생각입니다. 국내 최대 치즈 수입사에서 근무하면서 치즈에 대해 알 만큼 안다고 자부했지만, 체계적인 프로마쥬의 커리큘럼은 놀라웠습니다. 특히 한국인 맞춤형 표현과 설명은 김은주 쌤의 고민과 연구가 얼마나 깊었는지 느끼게 해주었습니다. 이 책에 그 열정과 애정이 오롯이 담겨 있을 거라 생각합니다. 불모지에서 꽃을 피우고 가꾸는 김은주 쌤, 응원합니다. **정은정_식품사 해외소싱 / 마케팅**

치즈를 정말 좋아합니다! 좋아하는 것은 깊이 알고 싶은 욕구가 생기죠. 치즈에 대해 너무 알고 싶어 대한민국에서 단 하나, 김은주 쌤의 강의가 있어 얼른 신청했습니다. 결과는 대.만.족! 김은주 쌤 덕분에 치즈를 더 사랑하게 되었습니다! **김현지_직장인(현대건설)**